测绘地理信息知识丛书·海洋地理系列

海峡

里弼东　楼锡淳　凌　勇　编著

测绘出版社

·北京·

内 容 简 介

　　本书适合青少年读者学习海洋地理知识之用，也适合海洋专业人员或沿海地区相关部门参考之用。

　　内容包括上下两篇。上篇为海峡的普通地理知识，包括海峡的分类、地理形态、水文特征、交通意义、法律制度和军事价值等。下篇为海峡的区域地理简介，共选择世界海洋中较重要的天然海峡 67 条，人工海峡（通海运河）7 条，非海峡航道咽喉 4 个。重点介绍它们的地理位置、峡底地貌、水文特征、交通意义和军事价值等。

图书在版编目 (CIP) 数据

海峡 / 里弼东，楼锡淳，凌勇编著 . — 2 版 . — 北京：测绘
出版社，2017.9

　　（测绘地理信息知识丛书 . 海洋地理系列）

　　ISBN 978-7-5030-3963-8

Ⅰ. ①海⋯　Ⅱ. ①里⋯ ②楼⋯ ③凌⋯　Ⅲ. ①海峡—青少年读物　Ⅳ. ①P72—49

中国版本图书馆 CIP 数据核字（2017）第116348号

责任编辑　李　莹		封面设计　李　伟	
责任校对　石书贤		责任印制　陈　超	

出版发行	测绘出版社	电　　话	010-83543956（发行部）
地　　址	北京市西城区三里河路 50 号		010-68531609（门市部）
邮政编码	100045		010-68531160（编辑部）
电子邮箱	smp@sinomaps.com	网　　址	www.chinasmp.com
印　　刷	北京建筑工业印刷厂	经　　销	新华书店
成品规格	148 mm × 210 mm	印　　张	6
版　　次	2017 年 9 月第 2 版	字　　数	173 千字
	2008 年 3 月第 1 版	印　　次	2017 年 9 月第 6 次印刷
印　　数	21121—24120	定　　价	18.80 元
书　　号	ISBN 978-7-5030-3963-8		
审图号	GS（2016）523 号		

本书如有印装质量问题，请与我社门市部联系调换。

序

　　人类居住的地球被称为"地球村"。这个地球村，有陆地，有海洋。陆地、海洋形成了人类优美的生存环境。可惜，人没有鳃，不能在水下长待，只能长期生活在陆地上。为了生存的需要，几千年来，人们获取了地球（陆地）大量的信息和资源。伴随世界现代化进程，获取信息和资源的手段越来越先进，成果也越来越丰富。但与此同时，人们发现：随着人口的快速增多，地球陆地上的资源已逐渐枯竭，空间也显得越来越拥挤。于是，人们想到要谋求新的发展空间：有人提出向地下发展，然而地下空间狭窄而黑暗，作为地下通道、人防和商业经营尚可，长期居住不太适宜；有人提出向太空发展，可是太空过于遥远，迁徙技术复杂，耗资巨大，且有无适合人类居住的星球尚不得而知。相比之下，海洋则离我们很近，而且海洋面积占地球表面积的70.8%，非常广阔。我们的祖先早已在海里捕鱼捉蟹，在海上航行，用海水制盐……近百年来，世界许多国家已开始大规模地对海洋进行测量、调查和研究，开始获取大量的海洋信息，大踏步地向海洋进军，许多国家开始开发以海洋石油为代表的海洋资源。

海洋是一个广袤的地域，也是一个巨大的信息载体。由于人类对海洋的研究起步较晚，又由于海洋地理环境更为复杂，人们获取海洋地理信息难度更大，因此，与陆地信息相比，至今为止获取的海洋地理信息还很有限。了解海洋、研究海洋、开发利用海洋将大有可为。

然而，对海洋获取信息也好，对海洋资源进行开发利用也罢，其技术和手段与对陆地开发相比还是很落后的。20世纪末有人统计，较精确测量、调查过的海洋区域仅占海洋总面积的1/3，1/3面积的海洋只进行过非专业的测绘和粗放的调查，还有1/3海域则属信息空白区。

我国的海洋测绘、调查和研究工作，在近几十年，尤其是改革开放以来，取得了长足的进步，海洋开发利用事业也空前活跃，海洋经济在国家经济建设中已有了举足轻重的地位。海洋事业与工业、农业、商业一样，已形成一个产业。但是，这些还只局限于涉海部门和沿海地区，在全国范围内还有待进一步提高认识，从而让更多的人力、物力投入到海洋事业当中，使海洋事业与国际接轨，在国家建设中发挥更大的作用。

《测绘地理信息知识丛书·海洋地理系列》正是在这一形势下催生的作品。

该丛书的作者长期从事海洋信息研究，并在20多年百科全书海洋地理条目写作过程中积累了大量知识和资料，据此写作本丛书。

该丛书选择"海洋"（海洋地理的总论、综述）和"海湾""海峡""海岛"的基本理论和海洋地理形态加以阐述。在各册的上篇中，综合各家之言，论述了海洋、海湾、海峡和海岛的分布、形成、分类、地形、水文、气象等自然地理现象以及资源、经济、政治、军事、法律等人文地理基础知识。下篇则提供了区域海洋地理的丰富信息。

该丛书的特点，一是科普性，全书文字流畅简练，通俗易懂，图文并茂，编排灵活，引人入胜；二是系统性，全套丛书的理论部分系统地介绍了海洋地理的基础理论知识，描述深入浅出，区域地理部分系统地介绍了所选地貌形态主要地域的自然地理和人文地理信息，文词条理清晰，便于阅读；三是信息化，丛书各册突出为读者提供综合的各家研究成果——理论信息，以及长期以来测绘、调查的成果——区域地理信息，读者读后定会收获颇丰。但是由于人力和经费的限制，本丛书只出了四册，作为海洋地理知识库，这是不够的，还可以出版多册，如《海岸》《海底》《海港》等。又因为作为科普著作，本丛书的理论部分不可能收入更为精深的内容，区域部分也因篇幅的限制难以提供更多的信息，这是一个遗憾。

21 世纪是海洋世纪。我们推荐这套《测绘地理信息知识丛书·海洋地理系列》，希望起到抛砖引玉的作用，愿有关各界出版更多更好的介绍海洋地理乃至整个海洋学的科普著作，为开发人类新的空间——海洋添砖加瓦。

中国测绘地理信息学会科学普及工作委员会

2017 年 2 月

修订版前言

我国倡导的"一带一路"经济发展战略，尤其是21世纪海上丝绸之路建设的实施，对推进我国海洋经济发展和海上国际合作带来了新的动力和发展机遇。积极融入"一带一路"建设，已成为社会各界的共识和行动。

这套海洋地理信息知识丛书能为读者奉献一些有价值的、适用的知识和信息，是我们真诚的愿望。作者、编者和读者一样，都在契合国家发展战略，增强开放意识和海洋意识，以坚定的信心和扎实的工作为社会发展做出自己的贡献。因此，当测绘出版社要求我们对此丛书的2008年版进行修订时，每位参与编写的人员都认为，这是我们义不容辞的责任。

修订工作主要包括这些方面：一是更新了一些数据，特别是经常处于动态变化的项目，例如沿海城市的人口、港口货物吞吐量和海上油气产量，能搜集到的，尽可能按新近公布的资料更新；核对在建工程的进度等。二是对个别文字、语句的加工，在准确简练和通顺表达方面力求更进一步。三是订正个别内容的疏漏或偏差，例如不同章节或页面对同一事物细节描述不一致的情况。

本次修订工作是在测绘出版社编辑指导下进行的，他们的敬业精神，严谨细致、一丝不苟的作风，促进了本丛书在原版本的基础上，质量和可读性方面有所进步。本丛书的主要策划和撰写者楼锡淳教授、苏振礼高工，自这套丛书2008年出版以来，持续搜集、分析相关资料，并组织了修订活动，他们学无止境的精神值得年轻同事们学习，也谨以此丛书作为楼锡淳教授八十岁寿辰的贺礼。

参加丛书修订工作的人员还有：凌勇，申家双，王耿峰，张哲。

我们感谢广大读者对这套海洋地理信息知识丛书的关注，并热切希望你们继续对本书的内容和形式提出宝贵意见。

2017 年 4 月

第一版前言

人类已经跨入充满希望的 21 世纪，21 世纪是海洋世纪。海洋中蕴藏有极其丰富的生物、矿产、化学、动力和水资源，而且在陆地人口不断增加、可耕地越来越少、人类陆上活动空间日显拥挤的情况下，海洋将成为人类生存与发展的广阔空间。20 世纪的许多有识之士提出了"向海洋进军"的口号。

向海洋进军，首先要研究海洋，了解海洋。在这方面，许多海洋科学工作者已经做了大量的工作，取得了可喜的成就。为了普及海洋知识，促进海洋科技进步和海洋事业的发展，我们编写了这套海洋地理知识丛书。

本丛书分《海洋》《海湾》《海峡》《海岛》四册。每册包括上下两篇。上篇为普通海洋地理，扼要介绍海洋、海湾、海峡、海岛的地理基础知识，包括形成、分类、地形、水文、气象、资源、交通、法律、经济、军事等方面的内容；下篇为区域海洋地理，全面介绍已命名的所有洋和海，较重要的海湾、海峡，较大的群岛、岛屿及部分特色小岛的自然地理和人文地理概况。

本丛书可供从事与海洋相关的水产、石油、运输、旅游、环保、调查、科研、教学等行业参考之用，也可供对海洋感兴趣的普通读者了解海洋地理一般知识用。本书力求图文并茂，文字简明扼要、通俗易懂。

丛书各册的上篇均由楼锡淳撰写。下篇：《海洋》由楼锡淳、里弼东、苏振礼编写，《海湾》由楼锡淳、苏振礼、元建胜编写，《海峡》由里弼东、楼锡淳、凌勇编写，《海岛》由楼锡淳、凌勇、元建胜编写。丛书的地理数据主要源自《中国海军百科全书》《中国军事百科全书》和海图，地图插图主要源自中国地图出版社出版的《世界地图集》。

本书在出版过程中，得到了海军司令部航海保证部、天津海洋测绘研究所和中国测绘学会科学普及工作委员会的大力支持，在此深表感谢。

由于有关海洋的知识十分丰富，作者掌握的资料有限，多位作者撰写的角度也不尽相同，不足之处在所难免，敬请读者批评指正。

2008 年 3 月

下篇　世界海峡集萃

上篇

海上交通的咽喉
——海峡

一、认识海峡

世界海洋广袤而连续。人们将海洋特别广袤的中心部分称为"洋"，而将面积较小的边缘部分叫做"海"。广义上的海根据位置还可以分为三种：边缘海、地中海、内陆海。按照形态和地理特征，海又可以分成三类：一是狭义的海——由大陆或大陆和岛屿、群岛、海底隆起包围的海洋边缘部分；二是海湾——海洋深入陆地的水域；三是海峡。那么，海峡的概念是什么呢？

海峡是两块陆地之间沟通两个水域的通道。

海峡可以位于两个大陆之间（如白令海峡位于亚洲和北美洲之间），也可以位于大陆和岛屿之间（如台湾海峡位于大陆和台湾岛之间），而多数位于群岛中岛屿和岛屿之间（如我国辽宁长山群岛中里、外长山列岛之间的外长山海峡，日本本州岛和北海道岛之间的津轻海峡）。

海峡沟通的海域也有多种情况：沟通两个大洋，如白令海峡沟通太平洋和北冰洋；沟通海和洋，如巴士海峡沟通南海和太平洋；沟通两个海，如台湾海峡沟通东海和南海；沟通一个水域的两个部分，如莫桑比克海峡沟通印度洋的两个部分，外长山海峡沟通黄海北部的东西两个部分，澎湖水道沟通台湾海峡的北部和南部，北克瓦尔肯海峡沟通波的尼亚湾的北部和南部；沟通湾和海，如曼德海峡沟通亚丁湾和红海；沟通湾和洋，如佛罗里达海峡沟通墨西哥湾和大西洋；沟通两个湾，如霍尔木兹海峡沟通波斯湾和阿曼湾。

世界海峡数以万计（挪威沿岸就有15万个岛屿，岛间海峡至少也有几万个），已经命名的海峡数以千计，载入世界各种辞书中的海峡有几百个，其中具有重要通航价值的海峡有几十个。

海峡比较集中地分布在北半球，尤其是亚洲、欧洲和北美洲，而非洲、南美洲和南极洲的海峡则相对要少得多。

海峡的命名，各地区有不同的习惯。中国周边海域的海峡，其地理通名多样。有的叫"海峡"，如我国的三大海峡——渤海海峡、台湾海峡和琼州海峡；有的叫"水道"，如东海金塘岛和大陆之间的金塘水道，桃花岛和穿山半岛之间的佛渡水道等；有的叫"门"，如东海桃花岛和虾峙岛之间的虾峙门，朱家尖和登步岛之间的福利门等；有的叫"峡"，如东海洞头岛和状元岙与霓屿山之间的洞头峡，海坛岛和大陆之间的海坛峡；有的叫"湾"，如东海东矶列岛中雀儿岙和田岙之间的金门湾；有的叫"港"，如东海梅山岛和大陆之间的梅山港；有的叫"江"，如东海厦门岛和鼓浪屿之间的鹭江；有的叫"洋"，如东海舟山岛和穿山半岛之间的崎头洋；有的海峡有两种称谓，如里长山水道又叫里长山海峡，登州水道又叫庙岛海峡等。

中国海峡地理通名示例	
海峡	渤海海峡、台湾海峡、琼州海峡
水道	金塘水道
门	虾峙门、福利门
峡	洞头峡、海坛峡
湾	金门湾
港	梅山港
江	鹭江
洋	崎头洋

中国周边海域以外海峡的称呼也并不统一。第一，不同地区用不同的文字命名，如日本地区用日文，阿拉伯地区用阿拉伯文，法语地区用法文等。第二，世界各地的海峡转译成英语的，其地理通名也不一致，多数海峡用"Strait"，还有的用"Channel""Passage"，有的则不用地理通名，如博斯普鲁斯海峡叫Bosporus，卡特加特海峡叫Kattegat。第三，同一个海峡有两个完全不同的名称，如宗谷海峡（Sōya-kaikyō）又叫拉彼鲁兹海峡（La Perouse Strait），博斯普鲁斯海峡（Bosporus）又叫伊斯坦布尔海峡（Istanbul Strait），达达尼尔海峡（Dardanelles）土耳其人叫恰纳卡莱海峡（Canakkale Strait），英吉利海峡（English Channel）法国人叫拉芒什海峡（La Manche），多佛尔海峡（Strait of Dover）法国人叫加来海峡（Pas de Calais），等等。

二、海峡的分类

1. 按所在位置和通航情况分类

按所在位置和通航情况可将海峡分成五类。

（1）洲际海峡——位于两大洲大陆之间的海峡。如亚洲和北美洲之间的白令海峡，欧洲和非洲之间的直布罗陀海峡。

（2）跨洋海峡——连通两个大洋的海峡。如连通南太平洋和南大西洋的麦哲伦海峡和德雷克海峡，连通太平洋和印度洋的巴斯海峡、龙目海峡、巽他海峡、马六甲海峡。白令海峡既是洲际海峡也是沟通太平洋和北冰洋的跨洋海峡。

（3）唯一出口的海峡——一个海域通往其他海域唯一通道的海峡。如我国渤海通往黄海的唯一通道渤海海峡，波斯湾出印度洋的唯一出口霍尔木兹海峡，地中海通往大西洋的唯一出口直布罗陀海峡，波罗的海通向北海的波罗的海诸海峡（厄勒海峡、大贝尔特海峡、小贝尔特海峡、卡特加特海峡和斯卡格拉克海峡）等。

（4）位于重要航线上的海峡。如位于北美经巴拿马运河至太平洋航线上的向风海峡和莫纳海峡，位于地中海经苏伊士运河、红海至印度洋航线上的曼德海峡，位于北海至地中海航线上的多佛尔海峡和英吉利海峡，位于北美东岸至墨西哥湾航线上的佛罗里达海峡等。当然，有一些重要海区唯一出口的海峡也是位于重要航线上的海峡，如波斯湾至印度洋石油航线上的霍尔木兹海峡，黑海至地中海航线上的黑海海峡，波罗的海至北海航线上的波罗的海诸海峡。

（5）航运价值不大的海峡。这类海峡航运价值虽然不大，但其数量却特别多。一些不是位于重要航道上的群岛中的海峡（如马来群岛中的多数海峡）、各大岛弧中的多数海峡，尤其一些沿岸岛屿特别多的国家沿海的海峡，其数量之多令人咋舌，像挪威沿海岛屿间的海峡也数以万

计。类似情况的地区还有加拿大太平洋沿岸、智利南部太平洋沿岸等。

2. 按成因分类

按成因可将海峡分成 10 类。

（1）大陆漂移形成的海峡。如非洲板块和欧洲板块相互运动，拉伸掰裂形成缺口，使大西洋海水进入地中海而形成直布罗陀海峡。

（2）地层陷落或断裂形成的海峡。如由博斯普鲁斯海峡、马尔马拉海和达达尼尔海峡组成的黑海海峡，霍尔木兹海峡和莫桑比克海峡等。

（3）裂谷扩张形成的海峡。如红海裂谷扩张形成亚洲和非洲之间的曼德海峡。

上述三类海峡数量不是很多，但往往都是一些比较重要的海峡。

（4）岛弧的产生形成的岛间海峡。海底扩张使大洋板块边缘俯冲、大陆板块上拱产生岛弧，形成岛屿间和岛屿与大陆间的海峡。如太平洋阿留申群岛、千岛群岛、日本群岛、琉球群岛、菲律宾群岛、马里亚纳群岛，印度洋的安达曼群岛、尼科巴群岛，太平洋和印度洋之间的努沙登加拉群岛，大西洋的大小安的列斯群岛、南桑威奇群岛和南奥克尼群岛的岛间海峡。这种海峡数量很多，但因为多数相互邻近，很多不重要。然而岛弧常常是两个海域的分界线，有些岛间海峡是跨洋航行的必经之地，所以很重要，如比较著名的宗谷海峡（拉彼鲁兹海峡）、津轻海峡、大隅海峡、巴士海峡、巽他海峡、龙目海峡、向风海峡、莫纳海峡等。岛弧和大陆之间的海峡常常是一些比较重要的海峡，如朝鲜海峡、台湾海峡、马六甲海峡、佛罗里达海峡、尤卡坦海峡等。

（5）大陆海岸沉降形成的海峡。如加拿大东岸沉降产生圣劳伦斯湾，形成贝尔岛海峡和卡伯特海峡等。

（6）峡湾海岸形成产生的海峡。冰川槽谷被海水淹没形成峡湾海岸。峡湾海岸多港湾、岛屿和半岛，有众多的岛间或岛陆间的海峡。如挪威海岸为典型的峡湾海岸，其间的海峡数以万计。

（7）第四纪冰期冰川重压磨蚀产生的海峡。如南美洲的麦哲伦海峡、北欧的波罗的海诸海峡、西欧的英吉利海峡和多佛尔海峡、北美洲加拿大北极群岛间众多的海峡等。

（8）海底火山喷发产生火山岛形成的海峡。如太平洋中小笠原诸岛、硫黄列岛、夏威夷群岛，大西洋中的亚速尔群岛、马德拉群岛、加那利群岛，印度洋中的科摩罗群岛、塞舌尔群岛等群岛中火山岛之间的海峡。

（9）珊瑚礁形成珊瑚岛产生的海峡。如太平洋中的密克罗尼西亚、波利尼西亚，印度洋中的马尔代夫，大西洋中的巴哈马群岛间的海峡。

以上各类海峡都是自然力形成的海峡，我们称其为天然海峡。还有一类是人工开凿的运河，即人工海峡。

（10）人工海峡。人们为了改善水路交通，在一些地峡上开凿运河，以沟通地峡两岸水域，这类运河称为人工海峡。如苏伊士运河、巴拿马运河、北海—波罗的海运河（基尔运河）、科林斯运河等。但是一些内陆运河由于不沟通两个海域，只沟通两个陆地地区或联系两条河流，所以不归入人工海峡，如中国的京杭大运河等。

世界海峡之最

最长的海峡	莫桑比克海峡，长1 670千米
最宽的海峡	德雷克海峡，宽900千米
最深的海峡	德雷克海峡，最深5 840米
地形最复杂的海峡	麦哲伦海峡，航道弯曲，最深1 170米，最浅20米，两岸岛屿众多
火山爆发最猛烈的海峡	巽他海峡，海峡中部拉卡塔岛曾火山爆发，释放能量达100亿吨煤当量
最狭长的海峡	柔佛海峡，长50千米，最窄处400米，最宽处（东口）也仅4.8千米
通过油船最多的海峡	霍尔木兹海峡，日通过油船达300余艘，运送石油400万吨
最繁忙的海峡	英吉利海峡和多佛尔海峡，年通过海峡的船只达15万艘以上
海流最强大的海峡	佛罗里达海峡，墨西哥湾流经海峡向北流去。海流宽75千米，厚700~800米，流速最大可达5节
最接近北极点的海峡	罗伯逊海峡，也是最寒冷的海峡
最早修建的人工海峡	苏伊士运河，1859年动工，1869年通航
付出代价最大的运河	苏伊士运河，历时10年，耗资1 600万英镑，牺牲民工12万人
货运量最大的运河	苏伊士运河，年通过18 326艘，货运量达4亿多吨
通过船只最多的运河	北海—波罗的海运河，年通过船只达8万艘
闸门最多的运河	约塔运河，共有闸门66座
风景最优美的运河	约塔运河，沿途森林环抱，湖水淼淼，穿山越谷，忽升忽降，状若"天河"。其旅游价值超过运输价值

三、海峡的地理形态

海峡成因很多，海峡地区地质、地理基础不同，形成海峡的地壳运动和其他自然力的方式、规模和强度也不同，海峡的地理形态因而千差万别。但其共同的特征是水面较窄，岸线比较曲折，水流急，底质多为岩石和粉沙，细小沉积物很少，海峡中常有岛屿。

1. 平面形态

海峡的平面形态多种多样。有的海峡很短，但较宽，如一些岛弧中的海峡，这种海峡便于舰船通航；有的海峡不宽，但却比较长，呈线形延伸，比较典型的有新加坡岛和马来半岛之间的柔佛海峡，黑海海峡中的博斯普鲁斯海峡（伊斯坦布尔海峡）和达达尼尔海峡（恰纳卡莱海峡）、麦哲伦海峡等，这种海峡有利于军事上的防守和

峡中有岛

封锁；有的海峡很短很窄，如峡湾海岸外的岛间海峡，这种海峡有利于防守，不利于通航；有的海峡很长很宽，如马达加斯加岛和非洲大陆之间的莫桑比克海峡，宽 420~1 250 千米，长 1 670 千米，为世界最长海峡，南美洲和南极洲之间的德雷克海峡，长 300 千米，宽达 900~950 千米，是世界上最宽的海峡，这类海峡有利于通航，不利于防守和封锁；有的海峡两头窄、中间宽，如黑海海峡两头的博斯普鲁斯海峡和达达尼尔海峡很窄，而中间较宽，以至于这部分较宽的水域被命名为马尔马拉海，又如格陵兰岛西侧南头的戴维斯海峡较窄，北端的史密斯海峡和罗布森海峡更窄，而中间较宽（命名为巴芬湾，其实巴芬湾是格陵兰岛西

侧海峡的组成部分）；还有一种海峡，一头较窄，另一头较宽，略呈喇叭形，如鞑靼海峡、多佛尔海峡和英吉利海峡、马六甲海峡、巽他海峡、波罗的海诸海峡等；有的海峡略呈矩形，即海峡两岸接近平行，如朝鲜海峡、台湾海峡、望加锡海峡；中间较窄、两头较宽的海峡数量比较多，如霍尔木兹海峡、白令海峡、曼德海峡，以及岛弧中的诸多海峡。上述海峡形态只是大致的分类，实际上大多数海峡的海岸线十分曲折，平面形态极不规则。

2. 海底形态

海峡的海底形态也多种多样。以深度而言，浅的在低潮时峡底可以露出海面，深的可达几千米，如德雷克海峡平均水深 3 400 米，最深点达 5 480 米，为世界最深海峡。显然，浅的海峡不利于通航，但有利于封锁和架桥以沟通两岸陆路交通，深的海峡则有利于航行，而不利于封锁。以海峡底部的起伏形态来说，各海峡差别也很大。岛弧中的海峡大多数在两岛之间深度较浅，向两侧海域深度加深，两岛之间则近岛处深度较浅，向海峡中间深度加深；有的呈"U"形，有的呈"V"形；多数海峡，尤其是较大海峡的海底地形很不规则，起伏不平，如台湾海峡中间有台湾浅滩，望加锡海峡东侧较深，是主航道所在，中部和西侧则多岛礁，不利于航行。

3. 海峡岛屿

一些较大的海峡中部多数都有岛屿或群岛，使航行和军事形势更加复杂。如渤海海峡中横亘有庙岛群岛，台湾海峡中雄踞着澎湖列岛，朝鲜海峡中横卧着对马岛，巽他海峡狭窄部有散吉昂岛、中部有拉卡塔岛（即著名的卡拉卡托火山岛），龙目海峡中有珀尼达岛，白令海峡狭窄部有拉特马诺夫岛（大代奥米德岛）和小代奥米德岛，曼德海峡中有丕林岛，霍尔木兹海峡有格什姆岛、大通布岛和小通布岛，莫桑比克海峡北口散列着科摩罗群岛，南口附近有欧罗巴岛，莫纳海峡中有莫纳岛，等等。这些群岛和岛屿在军事上意义重大，常常是军事要地，有利于人们控制海峡，因而有的在其上建有军事基地，如丕林岛

海峡与海岛

上建有也门的海军基地。在航海上据岛屿分布的形势，利弊有所不同。有的可作航行目标，有的可作补给站（如丕林岛1857—1936年曾是重要的船舶燃料补给站），有的小岛群集，不利于航行。

海峡的地理形态，特别是深度、起伏形态和岛礁分布，对舰船选择安全航道关系密切，对海峡工程建设和军事行动都有重大的影响。因此，人们利用海峡前必须事先调查清楚海峡的地理形态。

四、海峡的水文特征

海峡的水文特征与海峡所在的位置、两侧的陆地特征及所沟通的两个水域的水文特征关系密切。

1. 水温、盐度和潮汐状况

海峡的水温和盐度一般与海峡所处海域的水温和盐度相一致。如白令海峡北连北冰洋，气候寒冷，结冰期长达9个月（10月至翌年6月），而马六甲海峡地处热带，年平均表层水温高达27~29℃；厄勒海峡受低盐度的波罗的海海水的影响，盐度仅11‰左右，而曼德海峡受高盐度红海海水的影响，盐度高达40‰。

多数海峡受地形限制为往复流，流速一般比附近海域要大。但在较宽广的海峡，潮汐情况比较复杂。

2. 海流特征

各海峡的海流特征比较复杂，主要有下列几种类型。

（1）单向恒流海峡。通常受地区稳定的洋流或海流的影响而形成。

如佛罗里达海峡，常年有佛罗里达暖流自墨西哥湾经海峡向东北流向大西洋；又如德雷克海峡，处于南极环流圈上，海水自太平洋经海峡浩浩荡荡流向大西洋。此种水文特征的海峡比较多，还有巴士海峡和巴林塘海峡、宗谷海峡（拉彼鲁兹海峡）和津轻海峡、望加锡海峡、莫桑比克海峡、向风海峡、尤卡坦海峡、英吉利海峡等。

（2）双股同水位相向恒流海峡。通常受两股海流影响而形成。如白令海峡，白令海暖流沿海峡东岸向北流向北冰洋，北冰洋寒流沿西岸流向白令海；朝鲜海峡，黑潮的分支对马海流由济州岛东南方流向对马岛，在对马岛分成两支，一支经对马岛西侧，一支经对马海峡，向东北流进日本海，日本海流（寒流）在距朝鲜半岛海岸 37～65 千米范围内自东北流向西南。类似的海峡还有丹麦海峡、戴维斯海峡等。

（3）季节性双向恒流海峡。如莫纳海峡，受风的影响冬季流向西南，夏季流向北。霍尔木兹海峡虽受风的影响不大，但也是季节性双向恒流，夏季流向东，冬季流向西。

海流

海峡海流示例

单向恒流
　　　　　　　佛罗里达海峡
　（终年向一个方向流）
双股同水位相向恒流
　　　　　　　白令海峡
　（东岸向北流，西岸向南流）
季节性双向恒流
　　　　　　霍尔木兹海峡
　（夏季向东流，冬季向西流）
双股不同水位相向叠流
　　　　　　　黑海海峡
　（底层水流入黑海，
　上层水流入地中海）
无固定海流，受不稳定的风形成海流
　　　　　　　　巽他海峡
只有潮流，无海流或海流弱
　　　　　　　马六甲海峡

（4）双股不同水位相向叠流海峡。这类海峡最典型的要属直布罗陀海峡。因海峡东部的地中海海水盐度高（37.7‰）、水温低（年平均 13.5℃），海水密度大而下沉，从下层（160 米以下）经海峡流向大西洋，而大西洋海水盐度低（36.6‰）、水温高（年平均 17℃），海水密度小，从上层经海峡流入地中海。类似的还有黑海海峡（底层水由地中海流入黑海，上层水自黑海流入地中海）。

（5）海流不稳定的海峡。有的海峡没有稳定的洋流经过，也不存在密度差，却有不稳定的季节风，海水受风的影响而不稳定地流动。如巽他海峡，平常没有海流，有季节风时有海流，季节风大时，海流流速很大，且时有急流。

（6）只有潮流，没有海流或海流很小的海峡。这种海峡所在海区既没有稳定的洋流或海流经过，也没有明显的季风，又不存在密度差的影响。如马六甲海峡、新加坡海峡、柔佛海峡、麦哲伦海峡、龙目海峡、曼德海峡等。

海峡的水文特征对舰船航行影响很大，逆流航行会降低航速，顺流航行可以增大航速，但不稳定的海流会增加航行的危险性。潮汐和海流对海峡工程建设和军事行动也有很大的影响。因此对海峡的水文状况必须有针对性地测量和调查，才能更好地利用海峡。

五、海峡的交通意义

由于海峡连接两个海域，又隔断两个陆域，因此海峡的交通意义具有两重性：既是海上交通要冲，又是陆路交通的阻障。

1. 海上交通的咽喉

海运是当前国际贸易最重要的运输方式，其运量约占国际贸易总运量的80%。对一些发达国家，海上运输的地位尤其重要，如日本的工业原料产地和产品销售市场主要在国外，原料和产品的运输主要靠海运。其他发达国家对海上交通的依赖性也很大，海上交通一旦断绝，国家的经济命脉将无法维持。不少发展中国家经济发展也很快，海运业也随着迅速发展。我国改革开放以来，经济发展迅速，海运量连年增加，新的港口不断出现，如京唐港、黄骅（huá）港、防城港等。2000年以前，我国吞吐量超亿吨的只有上海港一个，其吞吐量占全国海港总吞吐量的1/3。近几年来已出现许多世界级大港，多个港口货物吞吐量超过亿吨。2015年，秦皇岛港货物吞吐量2.5亿吨，大连港4.15亿吨，天津港5.4亿吨，青岛港4.97亿吨，广州港吞吐量5亿吨，深圳吞吐量2.17亿吨。

海峡是海上航道的咽喉要冲，在世界海运中扮演着极其重要的角色。它可以保障海上交通运输线的畅通，使贸易物资能顺利流通，区域间的人员、物资和信息能顺利交流。许多海峡都可以缩短航程，有利于海运，也有利于国际交流和协作。因此，世界各国，尤其是沿海国家，对海峡都非常关注，一些对海运依赖性很大的国家更是倍加关注。例如，马六甲海峡的沿岸国是印度尼西亚、马来西亚和新加坡，马六甲海峡的管理应由这三个国家来实施。可是远离马六甲海峡的日本对马六甲海峡却十分关心。在第二次世界大战时，日本从英国手中夺取了控制权。战后，沿岸国收回海峡管理事务，可是日本却依然热心该海峡的管理事务，20世纪70年代还参与了海峡的勘测活动，并编制了统一标准的海图。这是因为日本所需石油的70%和其他矿产品都要经过马六甲海峡运回。马六甲海峡是日本的海上生命线。

海峡并不是都具有交通价值。有的海峡水浅，不能通航；有的海峡虽可通航，但因临近有通航条件更好的海峡而被舍弃不用。世界常用的100多个海峡中，因所处位置的不同，通航价值也各不相同。其中通航价值特别大的有如下海峡。

（1）英吉利海峡和多佛尔海峡。位于经济发达的地区，又有多条重要航线经过，通过该海峡的船只每年多达15万艘以上，运送货物达6亿多吨。

（2）直布罗陀海峡。是地中海沿岸国家出地中海的水上交通要道，也是大西洋—地中海—印度洋重要航线的咽喉。每年约有15万艘船只通过，其中仅大型油轮每天就通过200多艘。西欧和南欧各国的原油、原料及工业品绝大多数经此航道通往世界各地，运送货物占国际海运总量的35%。

（3）霍尔木兹海峡。是石油宝库波斯湾的航道咽喉，每年经过的油轮多达11万艘，运送石油约14亿吨。

（4）波罗的海诸海峡。是波罗的海沿岸各国通往大西洋的交通要道，每年通过船只约 10 万多艘。

（5）马六甲海峡。是西太平洋通往印度洋的纽带，东亚通往南亚、非洲、欧洲的国际航运咽喉。每年通过的船只达 8 万余艘。

（6）曼德海峡。是大西洋—地中海—红海—印度洋航运的咽喉，每年有 2 万艘船舶通过。

（7）苏伊士运河。是北大西洋和印度洋、西太平洋之间的海上航线的捷径，比绕道好望角南航线缩短航程 5 500～8 300 千米。每年有 100 多个国家的船只过往，仅油轮过往就占世界油运吨数的 1/4。

（8）巴拿马运河。是北太平洋和北大西洋之间的海上航线的捷径，比绕道麦哲伦海峡缩短航程 5 000～13 700 千米。船舶货运量约占世界货运量的 5%。

除上述海峡外，重要的世界性海运咽喉还有佛罗里达海峡、黑海海峡、望加锡海峡、巽他海峡、朝鲜海峡、莫桑比克海峡、麦哲伦海峡、基尔运河等。

海峡的交通意义和航运价值并不是一成不变的。首先，它与所处地区经济的兴衰关系密切。如近几十年来，东亚和东南亚地区经济迅速发展，使得太平洋西部各主要海峡（津轻海峡、大隅海峡、巴士海峡、龙目海峡等）的航运逐渐繁忙起来，海湾石油产量减少，霍尔木兹海峡的过往船只马上就会减少。其次，它随着人类在海洋上活动的变化而变化。如随着极地考察的兴起，去北极的通道白令海峡和去南极的捷径德雷克海峡的过往船只就多了起来。另外，还随海上其他通道的变迁而变化。如巴拿马运河的通航，使麦哲伦海峡和德雷克海峡的地位相应降低；苏伊士运河的开通，使莫桑比克海峡和好望角南水道的地位也相应降低，但却提高了曼德海峡的地位；苏伊士运河一旦关闭，曼德海峡也会跟着降低地位，莫桑比克海峡和好望角南水道的地位就会提高；同理，马来半岛的克拉地峡上拟建的克拉运河一旦开通，马六甲海峡的繁忙程度就会降低。总的趋势是，随着世界经济的发展，海峡的航运地位会不断地提升。

2.陆路交通的阻障

千百年来，海峡为海上交通带来了极大的方便，但却阻断了两岸陆路的交通，使铁路和公路不能连贯，过海峡的运输只能改用海运和航空运输。航空运输虽然快捷，但运量有限、运费昂贵，不适于运输大宗货物；海运需要在两岸建码头，需要有渡船，运货时还需转换运输方式（卸车、装船，卸船、装车），无疑要延长运输时间，增加运输费用。

然而，随着高新技术在海洋工程领域的应用和发展，一些改善海峡两岸陆路交通的方法出现了，其中主要有如下方法。

（1）开通车渡。车渡工程相对比较简单，只需在海峡两岸修建渡船码头，备几条渡船即可。利用车渡不需转换运输方式，优于海运。但车辆仍需上下渡船，耗费不少时间，虽然这种办法还是不够便捷，但也不失为一种办法。

（2）修筑海堤。堤顶可通行火车、汽

峡"路"示例

车　渡	琼州海峡
修堤为路	柔佛海峡
海　桥	美国金门大桥
海底隧道	日本津轻海峡的青函海底隧道
桥隧组合	丹麦大贝尔特海峡

车，堤下开闸通行船只。世界上最著名的海堤是第二次世界大战以前就已建成并投入使用的新加坡海堤，海堤横卧于柔佛海峡上，把新加坡岛与马来半岛连在一起。我国最早的海堤是福建厦门海堤。第一条厦门海堤于1956年建成，长2 122米；第二条厦门海堤长2 820米，均以白色花岗岩砌成，鹰厦铁路穿堤而过，还有宽阔的汽车道和人行道。我国其他海堤还有福建东山岛620米长的海堤和浙江玉环岛144米长的海堤，其横贯海峡，使岛屿成为半岛。

跨海峡修建海堤要有一定的前提：一是海峡没有船舶通航价值（如厦门海堤），二是虽有通航价值，但临近有可代替的其他水路。因为海堤建成后，水路通航条件就几乎失去。如果海峡原来只能过小船，则可在海峡最深处的堤上开一个口子，建成桥，仍可保持水路运输；如果海峡原来可以过大船，采用此法就比较困难，就需将堤加高，增加工程量。若堤上开口架桥，就必须是活动桥，这就给海路、陆路运输都增加了麻烦，只能适用于海陆运输都不繁忙的地区，而且海堤建成后可能淤塞海港或影响渔业生产，因而修建海堤的办法没得到普遍的使用。

（3）架设海桥。架设固定的海桥，直接沟通两岸的陆路交通。此方法比较便捷。如桥梁有一定的高度，还可使水路运输保持畅通，水、陆交通两不耽误。这是目前沟通海峡两岸陆路交通最常用的方法之一。现有以下著名的海桥。

美国太平洋沿岸圣弗朗西斯科湾口，横跨金门海峡的金门大桥，全长2 737米，桥宽18米，设有6股车道，涨潮时桥面离水面高67米，巨型海轮可在桥下自由通过，被誉为"世界第一桥"。

位于土耳其伊斯坦布尔市的伊斯坦布尔（博斯普鲁斯）海峡大桥，是横跨亚欧两大洲的第一座洲际大桥。桥上通行汽车，桥下仍可通行巨型海轮。为解决过桥车辆太拥挤的问题，1988年又建成了第二座跨海峡的公路大桥。

波斯湾中巴林—沙特阿拉伯跨海大桥，长25千米，宽20米，将巴林岛上的公路网和阿拉伯半岛上的公路网连接起来，该大桥是目前世界上最长的跨海大桥。

日本濑户内海海桥。日本四国岛与本州岛之间隔着濑户内海，利用濑户内海上的岛屿建成了海桥：神户—鸣门线，全线建桥10座，桥梁总长11 985米，各桥均分两层，上层通汽车，辟有4车道，下层通火车，有4条铁路，桥下大型船只可通行无阻；儿岛—坂出线，建桥5座，桥梁总长7 326米，其中明石海峡大桥长3 910米，最大跨度1 990米，上层通汽车（6车道），下层通火车（双线铁路），为目前世界最大跨度吊桥；尾道—今治线，建桥10座，总长8 803米，各桥为4车道公路桥，没有铁路桥。

其他海峡大桥还有：丹麦沟通菲英岛和日德兰半岛的小贝尔特海峡大桥；美国本土南端海军基地基韦斯特至迈阿密的公路，自基韦斯特岛至佛罗里达半岛是连接佛罗里达群岛中各岛的跨海大桥，总长198千米。

海峡架桥要具备一定的条件，那就是宽度较小或深度较浅的海峡才可架桥。宽度较小的海峡，即使很深，也可用建斜拉桥的办法解决，如博斯普鲁斯海峡大桥；宽度较大，但深度较浅的海域仍可建桥，如巴林—沙特阿拉伯大桥。而宽度、深度均较大的海峡则不宜架设海峡大桥。值得提出的是，海桥有一个很大的缺点，即在战时很容易被破坏。

（4）开凿隧道。开凿海底隧道既可解决海峡两岸的陆路交通，又不受潮汐、海流和天气的影响，而且海底隧道行车速度快，不破坏生态系统，不影响船舶航行，战时不易被破坏，是目前比较常用的解决海峡两岸陆路交通的办法。现已建和在建的海底隧道有20多条，主要分布在美国、日本、西欧和东亚，其中如下几条最为有名。

日本的青函海底隧道，位于本州岛和北海道岛之间的津轻海峡下面，是目前世界上最长的海底隧道。关门海峡海底隧道位于本州岛和九州岛之间。1942年凿通了第一条关门海峡海底隧道，全长3.6千米。1974年后，两岛之间为了开通东京—福冈高速铁路新干线，又建成了全长18.71千米的新关门海峡海底隧道。

欧洲隧道亦称英吉利海峡隧道，横贯英国和法国之间的多佛尔海峡，是20世纪末世界瞩目的海峡隧道工程。

维多利亚海峡隧道即港九隧道，是中国领土上的第一条海底隧道，连接香港岛湾仔和九龙半岛尖沙咀。1972年建成，但通车后两岸交通仍未得到根本缓解，后于1986年又建了第二条海底隧道。大濠岛建成香港新机场后又开凿成一条新的海底隧道，有高速公路和铁路通市区。

苏伊士运河通航后，"人工海峡"切断了埃及亚非之间的陆路交通。20世纪80年代初，埃及开通了哈姆迪隧道，横贯运河东西两岸，连接亚非两洲大陆。

（5）桥隧组合。根据海峡的地理特征，适合架桥的地段架桥，适合开挖隧道的地段开挖隧道。比较著名的有如下工程。

丹麦菲英岛和西兰岛之间的大贝尔特海峡跨海工程，已通行列车。丹麦的主要领土在日德兰半岛、第一大岛西兰岛、第二大岛菲英岛。日德兰半岛和菲英岛之间的小贝尔特海峡上已建有跨海大桥，而与菲英岛隔着大贝尔特海峡的西兰岛尚未有跨海工程，且西兰岛是丹麦首都哥本哈根所在地。因此，大贝尔特海峡桥隧连通，就使丹麦的两大岛与半岛连在了一起。整个工程由东公路桥和铁路隧道、西铁路和公路两用桥组成。工程投入使用后，通过海峡的时间由原来的1小时缩短为7分钟，

大大缓解了海峡两岸间交通不便的问题。

切萨皮克湾湾口海峡跨海工程。1964 年建成，全长 28.4 千米，由桥梁、人造岛、隧道和高架桥组成，其中有两段海底隧道各长 518 米和 762 米，沉管式，管道离水面最浅处也有 28.4 米，大船进出湾口海峡通行无阻。

（6）海峡工程的计划与设想。世界经济的发展要求顺畅的交通作保证。海峡交通工程越来越受到世界瞩目，一些海峡工程的计划、设想被纷纷提出来。

白令海峡大坝。设想者认为：在白令海峡建一条大坝，可切断流入太平洋的北冰洋寒流，然后以巨大的抽水机每天从白令海抽 500 立方千米的海水送入北冰洋。这样用不了 10 年就可使北冰洋冰层融化，使北极的气候变得十分温暖。于是，俄罗斯、加拿大和美国阿拉斯加北部地区便能种植温带植物，在堤上还可通火车和汽车，把美洲大陆和亚欧大陆的陆路交通连接起来。这一方案好处确实很大，但是设想者没有想到，一旦北冰洋气温升高，北冰洋和格陵兰等北极地区的冰盖将大量融化，世界海洋的海平面将大幅度上升，全球将会有许多海岛国家和大陆较低平的陆地被海水淹没。为此，又有一些人提出在白令海峡建海底隧道的设想，目的是解决美洲大陆和欧亚大陆陆路交通的问题。

鞑靼海峡大坝。建议者的目的一是把萨哈林岛（库页岛）和大陆的陆路交通连接起来，二是阻止鄂霍次克海的寒流南下，使日本海的海水温度提高，从而使日本海地区气候变暖。建议者同样没有考虑到，海洋寒流能阻断，大气寒流却阻不断，日本海地区的气温能提高多少不好估计，即使可以，大面积区域的气候变暖，也会破坏生态系统，有可能会形成灾害性天气系统。看来在没有大量的调查、科学研究和考证前提下，在鞑靼海峡建桥或开凿隧道以解决陆路交通的方案更为稳妥一些。

朝鲜海峡隧道。拟建于日本九州岛和朝鲜半岛之间的海底隧道将日本四岛和亚洲大陆的陆路交通连接起来。

厄勒海峡隧道。拟建于丹麦西兰岛和斯堪的纳维亚半岛的瑞典海岸之间，将成为西欧和北欧之间的陆路交通捷径。

博斯普鲁斯海峡海底隧道。拟建在土耳其伊斯坦布尔跨海峡两部分市区之间。

墨西拿海峡隧道，拟将西西里岛和亚平宁半岛的陆路交通联系起来。

印度尼西亚的爪哇岛人口稠密、经济相对发达，苏门答腊岛人口密度小、经济相对落后，而资源却很丰富，两岛之间隔着巽他海峡，来往十分不便。为了充分发挥各自的优势，印度尼西亚政府准备开挖巽他海峡海底隧道。

新加坡计划建设一条400米长的海底隧道，将新加坡主岛的世界贸易中心与布兰尼岛连接起来。

我国类似的工程也在计划中，如渤海海峡近期火车轮渡工程和中长期通过庙岛群岛的南桥北隧跨海工程等。

美国麻省理工学院的一位工程师提出了一个未来"世界海底隧道"工程的设想：在大西洋海底修建一条连接欧美两大洲大陆的海底隧道，通过一种称为"高速子弹"的新型火车来缓解客货运输问题。

六、海峡的法律制度

牵涉到海峡法律的内容很多，主要有下列5项。

1. 领属制度

（1）属于一个国家内海中的海峡，自然是这个国家领海的组成部分，如我国舟山群岛中的各海峡、日本濑户内海中的各海峡等。

（2）一端是公海或专属经济区，另一端是内海的海峡，如果海峡两岸及所连接的内海属于一个国家的领土，且海峡的宽度不超过该国领海宽度的一倍，则这种海峡是沿岸国的领峡，其水域具有内水的性质，沿岸国完全有权不许外国船舶通航。如我国的渤海海峡。

（3）两端都是公海或专属经济区的海峡，如果两岸属于一个国家，且海峡宽度不超过该国领海宽度的一倍，这种海峡属于该国的领峡，其水域具有内水的性质，可以不对外国船舶开放。如我国的琼州海峡，两端都是我国的专属经济区，两岸的雷州半岛和海南岛都是我国的领土，海峡最窄处只有 10.5 海里[①]，最宽处也只有 21.4 海里，不超过我国领海宽度（12 海里）的一倍。我国政府 1958 年 9 月 4 日发表的关于领海的声明中明确宣布，琼州海峡是中国的内海。1964 年又颁布了《外国籍非军用船舶通过琼州海峡管理规则》。

（4）海峡两岸属于一个国家的领土，其宽度大于该国领海宽度的一倍，但被测定领海起算线的直基线法划入领海基线以内，这种海峡也属于该国的领峡，其水域具有内水的性质，可以不对外国船舶开放。

（5）两端都是公海或专属经济区的海峡，如果两岸属于一个国家的领土，而海峡宽度超过该国领海宽度的一倍，则沿两岸分别划定该国的领海，如我国的台湾海峡。

（6）海峡两岸属于不同的国家，则两岸的沿岸国在海峡内各拥有自己的领海。海峡内领海的划分有两种主张，一种是依海峡的中间线划分，一种是由沿岸国协商解决。如果沿岸国采用的领海宽度不同，海峡水域的划分、使用、通航，只能由沿岸国协商解决。

2. 国际航行海峡的法律制度

国际航行海峡指的是用于国际航行的海峡，特别是构成世界性主要海洋通道的海峡。这种海峡，不论其海岸是属于一个国家还是分属两个或两个以上国家的领土，目前大都以国际条约保证其通行。如：

麦哲伦海峡。它的法律地位是以阿根廷和智利 1881 年缔结的条约规定的。这一条约宣布麦哲伦海峡中立化，缔约双方承担的义务是不在海峡两岸修筑任何防御工事，一切国家的商船和军用船舶均可自由航行。

直布罗陀海峡。北为西班牙领土，南为摩洛哥领土。它对世界上一切国家的军用船舶和商船开放。1904 年，当时直布罗陀港为英国占领，

[①] 1 海里 =1.852 千米。

摩洛哥为法国"保护区"，两国协定规定，保证直布罗陀海峡航行自由，两国在沿海峡的摩洛哥岸上不修筑工事。同年西班牙也加入了该协定。1907 年英、法、西三国重申了上述义务。

伊斯坦布尔海峡（博斯普鲁斯海峡）和恰那卡莱海峡（达达尼尔海峡）。两岸均为土耳其领土。其法律制度由一系列国际条约，即 1871 年的《黑海和多瑙河航行条约》（《伦敦条约》）、1923 年的《关于海峡制度的公约》（《洛桑公约》）、1936 年的《关于海峡制度的公约》（《蒙特勒公约》）规定。依照《蒙特勒公约》，无论平时或战时，各国商船均有航行该海峡的完全自由，但须缴纳该公约规定的通行税，并遵守卫生等规定。在战时，土耳其有权拒绝对其作战的敌国的商船通行。至于军用船舶，公约对黑海沿岸国和非黑海沿岸国的军用船舶在平时和战时通过海峡的条件作了不同的规定。1994 年，土耳其又宣布了新的通航规定：核动力船和装载核废料的船只必须征得海事秘书处的允许才能通过海峡。对通过海峡的所有船只的技术要求也将更加严格，不符合要求的船只将被强令停泊在土耳其港口。海峡航道也将重新划定，海事当局要求长度超过 150 米的外国船只接受领航。

马六甲海峡和新加坡海峡。沿岸国印度尼西亚、马来西亚、新加坡三国于 1976 年达成协议，同意把马六甲海峡继续作为国际航行路线，但各国船只必须遵守分道航行的管理办法。1977 年三国又签署了一项协定，并经联合国下属的国际海事协商机构批准。这项新规则的要求是：轮船在行经被指定的单向航道时，北路只向西航行，南路只向东航行。轮船高达 14 米或载重量达到 15 万吨时，其船底龙骨到海床的距离最少必须保持 3.5 米。轮船在单向航道上航行时，时速不得超过 12 英里（约 10.4 海里）[①]，且不得超越前面的轮船。

3. 过境通行制度

过境通行制度是 1982 年《联合国海洋法公约》中规定的一项法律制度。适用于两端都是公海或专属经济区的国际航行海峡。按规定，这

---

① 1 英里 =1.609 千米 =0.869 海里。

种海峡内一切船舶和飞机都享有不受阻碍过境的通行权利。但有一种情况例外，即当这种海峡是由沿岸国的一个岛屿和该国的大陆形成，且该岛屿向海一侧又有同样可以方便通行的航道，这种海峡不适用过境航行制度而只适用无害通过制度。

过境通行制度的概念是：船舶和飞机以过境为目的，过境时应该是连续不停和迅速地过境。但是并不排除在该国入境条件的限制下，为驶入、驶离一个该海峡沿岸国或从该国返回的目的而通过海峡。在连续不断地过境时，不得非法使用武力或以武力相威胁，不得从事非过境所通常附带发生的活动（遇有不可抗拒力和遇难除外），不得从事任何研究和测量活动等，并应遵守关于船舶避碰、防污等国际规章和国际航空与无线电频率的规章，遵守沿岸国有关航行安全、防污、捕鱼、海关、财政、移民、卫生等规章。

4. 无害通过制度

无害通过制度也是 1982 年《联合国海洋法公约》中规定的一项制度。无害通过适用于两种情况：由大陆和一个岛屿形成的海峡，其岛屿外侧又有相同条件可以通航航道的；海峡的一端是公海或专属经济区，另一端为一国的领海。

无害通过的概念是：通过时不损害沿岸国的和平、安全和良好的秩序，不违反国际法规则。无害通过上述海峡和无害通过领海一样，应履行的义务有：不得对沿岸国的主权、领土完整和政治独立进行威胁和损害；不得有为任何目的的搜集情报而损害沿岸国安全的行为；不得进行任何有损沿岸国安全的宣传活动；不得违反沿海国海关、财政、移民、卫生和礼节的规章与法律；不得上下任何商品、货币和人员；不得污染环境；不得进行任何捕捞活动；不得进行任何研究和测量活动；不得有干扰沿海国任何信息系统或设施的行为。至于他国的军舰和军用飞机是否允许无害通过，对此，有的国家不允许，有的国家则允许有条件通过。

显然，无害通过时，外国船舶所受的限制比过境通行要多一些，但是对沿岸国的主权更有保障。而对一些海洋大国，过境通行比无害通过更为有利。正因为如此，在第三次海洋法会议上，用于国际航行的海峡的法律制度问题成为会议争论的焦点。一些中小国家，特别是发展中国家认为，属于沿岸国领海范围内的海峡，即使经常用于国际航行，也绝不能改变它的领海地位，沿岸国当然对它拥有主权和管辖权，拥有制定和执行一切必要法律和规章的权利。外国的非军用船舶可以无害通过这种海峡，外国军舰通过时须事先通知沿岸国主管机关或经事先许可。与此相反，当时的苏联、美国和一些海洋强国则极力反对沿岸国对其领海范围内的海峡行使主权，他们还把这种海峡说成是"国际海峡"，认为外国军舰和飞机可以像在公海上一样不受任何约束地在那里自由航行和飞行。

5. 分道通航制度

随着世界经济的发展，海上交通日趋繁忙，海峡过往船只也越来越多。这使一些特别重要而通航条件不是特别好的海峡，很容易产生交通事故。如英吉利海峡和多佛尔海峡，狭窄处宽度仅 33～40 千米，海区还常常有雾，自然条件并不是很好。而它是世界上最繁忙的海峡，不仅过往船只多，在欧洲隧道开通之前，还有英法之间的火车和汽车轮渡，航线纵横交错，海上撞船事故常有发生。到 20 世纪 80 年代，累计沉船事故超过 2 000 起。为改善航运条件，1977 年海峡实施了分道通航制度，东北向的航船沿法国海岸航行，西南向的航船沿英国海岸航行。又如马六甲海峡和新加坡海峡，狭窄处仅 20 海里左右，且有 37 个危险处，而该海峡过往船只密度又很大，是撞船事故频发海区。1975 年，日本"祥和丸"超级油轮触礁，溢油数千吨，不仅给油轮造成重大损失，还严重地污染了广大海面。为减少事故的发生，印度尼西亚、马来西亚和新加坡经过多次协商，决定实行分道通航制度。

已经实行分道通航制度的海峡还有：曼德海峡、霍尔木兹海峡、直布罗陀海峡、巴斯海峡，以及我国的渤海海峡（老铁山水道）和琼州海峡等。海上航道分道通航就像城市街道和重要公路相向行驶车辆分道行驶一样，是保证交通安全的重要制度。随着海上交通事业的发展，实行分道通航制度的海峡将会越来越多。

七、海峡的军事价值

有人从战略角度分析海洋区域的军事价值后认为，近海重于远洋，岛礁重于海域，海上咽喉重于岛礁。而海峡通常都位于近海，海峡附近又都有岛屿，海峡本身又是海上航道咽喉。因此，海峡的军事价值可以说是重中之重。

和平时期，海峡是海上交通要道；战时，海峡是军事运输的咽喉要道。自古海峡多战事，由于海峡是陆路交通的阻障，战时要越过海峡，首先要占领海峡，于是，海峡在战争中常常是双方争夺的焦点，因此，现代海峡常常多军事基地。

1. 自古海峡多战事

以黑海海峡（博斯普鲁斯海峡、马尔马拉海和达达尼尔海峡）为例，由于它是地中海和黑海之间的唯一通道，又是从巴尔干半岛至西亚的陆路要冲，历史上战事十分频繁。早在公元前4世纪就发生过马其顿和叙利亚之间的博斯普鲁斯海战。17世纪，克里特战争期间又发生过威尼斯和土耳其之间的达达尼尔海峡之战。第一次世界大战期间，英法发动了达达尼尔海峡战役。英法力图控制达达尼尔海峡，但在土耳其的顽强抵抗下，以失败而告终。

再以英吉利海峡和多佛尔海峡为例。由于它位于西欧英法荷等海上列强之间，又是西欧、北欧至地中海的海上要道，历史上战事也很频繁。如在13世纪，英法之间曾发生过多佛尔海峡海战。17世纪，三次英荷战争期间，多佛尔海峡发生过两次海战，使海峡成为三次英荷战争的重要场所。

类似的海峡之战还有：1658年，瑞典与荷兰为了争夺波罗的海入海口而进行的厄勒海峡之战；第一次世界大战期间，德军企图消灭里加湾的俄舰而发动的伊尔贝海峡之战和海峡群岛海战等。

其他如朝鲜海峡、望加锡海峡、突尼斯海峡、北海峡、丹麦海峡等都曾发生过海战。

2. 海峡是海战中保交战和破交战的关键海域

在第一、第二次世界大战中，海战是大战的重要组成部分。而海战主要表现在作战双方的保交战和破交战上。因为海峡是海上航运的咽喉，自然就成为海战中的关键海域。

第一次世界大战期间，俄国为了切断土耳其在黑海南部战略物资的运输，防止德、土舰队进入黑海破坏俄海上交通和炮击俄海岸，黑海舰队曾在1914年、1915年、1916年3次大规模封锁博斯普鲁斯海峡，但仍有德舰进入黑海。1917年，俄军采取了更大规模的封锁行动，才遏制了德舰队的活动，达到其作战意图。

第二次世界大战期间，有以下较著名的海峡之战。

1940年为了破坏盟国海上交通线而击沉盟国海上运输船队船只94艘的北海峡德国潜艇群之战。1941年英国派遣4艘快速船及其护航舰队前往马耳他和希腊，遭到德、意空军攻击的西西里海峡之战。1941年德军为攻破英国大西洋海上交通线而进行的丹麦海峡之战，此战德军遭受重大损失，从此结束了德国使用大型战舰在大西洋的破交战行动，转由潜艇及武装商船承担。1942年，希特勒为加强挪威沿岸的防御，从法国布雷斯特港内调3艘主力舰突破英吉利海峡之战。

战后，一些海洋强国仍然十分重视对海峡的控制。在美苏两个军事大国对抗时代，海上航运咽喉是其对抗的重要焦点部位。1986年，美国海军曾宣布要控制全球16个海上航运咽喉。其目的，一是与苏联对抗，二是为其"全球战略"服务。1991年苏联虽已解体，但现俄罗斯仍是美国执行"全球战略"政策的主要阻力，这些航运咽喉仍然重要。这16个海上航运咽喉分别排列如下。

（1）阿拉斯加湾——美国西海岸至石油产地阿拉斯加的石油航线。

（2）朝鲜海峡——苏联太平洋舰队南下西太平洋和印度洋的通道。

（3）望加锡海峡——苏联太平洋舰队前往印度洋及波斯湾—美日石油航线咽喉之一。

（4）巽他海峡——西太平洋和印度洋航运咽喉，波斯湾—美日石油航线咽喉之一。

（5）马六甲海峡——太平洋和印度洋航运咽喉，波斯湾—美日石油航线咽喉之一。

（6）霍尔木兹海峡——美日石油航线咽喉。

（7）曼德海峡——印度洋—红海—苏伊士运河—地中海航线必经之地，控制中东战略要地的咽喉。

（8）苏伊士运河——印度洋—红海—苏伊士运河—地中海航线必经之地，控制中东战略要地的咽喉。

（9）直布罗陀海峡——地中海出大西洋的必经之地和北大西洋公约组织军事航海的咽喉。

（10）斯卡格拉克海峡——苏联波罗的海舰队西出大西洋的必经之地和北大西洋公约组织军事航海的咽喉。

（11）卡特加特海峡——苏联波罗的海舰队西出大西洋的必经之地和北大西洋公约组织军事航海的咽喉。

（12）佛罗里达海峡——美加东海岸—墨西哥湾—巴拿马运河—太平洋航线的咽喉，墨西哥湾石油航道，苏联和古巴与美国对抗的军事要地。

（13）巴拿马运河——大西洋和太平洋航道咽喉。

（14）好望角南水道——印度洋—大西洋重要航道，尤其在苏伊士运河封闭后是印度洋与大西洋唯一海上航运咽喉。

（15）格陵兰—冰岛—联合王国海峡——苏联北方舰队南下大西洋的必经之路，接近全球最繁忙的北大西洋航线。

（16）北美航道——北大西洋航线的组成部分，繁忙的美加沿海岸航线和两国主要出海口。

这16个海上航运咽喉中，海峡就有13个。由此可见，海峡在控制海上运输中的重大意义和军事价值。

3. 海峡多军事基地

通常在重要的海峡中都有军事基地，特别重要的海峡，军事基地一般也特别多，这完全是海峡具有重要军事价值所致。

朝鲜海峡。朝鲜半岛一侧有韩国的釜山、镇海和木浦海军基地，济州岛还有海军和空军基地，日本一侧有佐世保海军基地和福冈空军基地。

马六甲海峡。南岸有印度尼西亚的棉兰海军基地和韦岛的沙璜海军基地；北岸有新加坡的勿拉尼岛和端士海军基地，丁加和巴耶利巴空军基地；马来西亚有卢穆特海军基地、吉隆坡和北海空军基地。

霍尔木兹海峡。有阿拉伯联合酋长国的富查伊拉、阿治曼、塞格尔港、哈利德港、拉希德港、米纳杰贝勒阿里等海军基地，迪拜和沙迦空军基地；有伊朗的阿巴斯港海军基地。

苏伊士运河。有埃及的陶菲克港（运河南口）和塞得港（运河北口）海军基地，法伊德空军基地。

直布罗陀海峡。有西班牙的直布罗陀和加的斯海军基地，摩洛哥的丹吉尔海军基地。

波罗的海海峡（卡特加特海峡、斯卡格拉克海峡和厄勒海峡）。有丹麦的哥本哈根、科瑟、腓特烈港海军基地，挪威的霍滕海军基地，瑞典的哥德堡海军基地和恩厄尔霍尔姆空军基地。

佛罗里达海峡。北有美国的基韦斯特海军基地，南有古巴的卡瓦尼亚斯、巴拉德罗海军基地和哈瓦那海、空军基地。

巴拿马运河。北口有科隆海军基地，南口有巴尔博亚海军基地。

英吉利海峡和多佛尔海峡。有英国的朴次茅斯、波特兰、普利茅斯海军基地，法国的瑟堡、布雷斯特海军基地，比利时的奥斯坦德、泽布吕赫海军基地和科克赛德空军基地等。

其他如曼德海峡、黑海海峡、莫桑比克海峡、麦哲伦海峡、拉彼鲁兹海峡、津轻海峡、大隅海峡、巽他海峡、龙目海峡、巴斯海峡、托雷斯海峡、向风海峡、莫纳海峡等众多海峡中或附近，都有海军基地或空军基地。

有的海峡虽然没有军事基地，但也多有军事设施。如白令海峡两岸，美国与俄罗斯分别建有监听站和警戒雷达等设施。

下篇

世界海峡集萃

一、洋际海峡

1. 白令海峡 Bering Strait
——沟通太平洋和北冰洋的唯一通道

白令海峡北为北冰洋边缘海楚科奇海，南为太平洋边缘海白令海，是沟通太平洋和北冰洋的唯一通道（见图1）。西侧是俄罗斯的楚科奇半岛，东侧是美国阿拉斯加的苏厄德半岛。海峡南北长96千米，最窄处在楚科奇半岛的杰日尼奥夫角和苏厄德半岛的威尔士亲王角之间，宽86千米。1728年，为俄国海军服务的丹麦航海家白令在北冰洋沿岸探险时发现该海峡，并于1734—1743年间进行了海道测量。

图1　白令海峡

海峡水深30~52米，底质为泥沙。两岸地形起伏多山岭，岸线曲折多陡峭岩岸。海峡中间有两个小岛。西侧为俄罗斯的克拉特马诺夫岛，东侧为美国的小代奥米德岛。两岛间相距只有4千米。因中间通过亚洲和北美洲的洲界线，以及俄罗斯和美国的国界线，因而两岛分属两洲、两国。另外，两岛之间有国际日期变更线通过，故两岛日期相差1天。

海峡位于北极圈附近，气候寒冷。冬季平均气温约−20℃，1月最

低气温达 −43.8℃；7月平均气温约5℃。水温8月 4~8℃，10月至次年 6 月为封冻期，冰厚1.2~1.5米，7月多浮冰，8—9月可正常通航，但海面仍有浮冰。春季至初秋多雾，夏季多浓雾。冬季多猛烈的西北风。年降水量300~400毫米。白令海暖流沿海峡东岸向北流，北冰洋寒流则沿西岸向南流。潮汐为半日潮，潮差0.6~1.8米，流速1~2节。

沿岸地区富藏金、锡、石油和天然气。海域多海豹、海象，有数百种鱼类。

由于地区气候水文条件所限，水面舰船航行不便，但有利于潜艇水下航行。海峡是从大西洋经北冰洋到太平洋的必经之地；俄罗斯北方航线已经开通，海峡地处俄罗斯北极地区和远东的海上航行交通要冲，航海和军事价值均很重要。俄罗斯和美国都在沿岸建有监听站和警戒雷达，是战时必争之地。

峡名	白令海峡
位置	亚洲大陆东北端与北美洲大陆西北端之间
峡岸国	美国、俄罗斯
峡长	96千米
峡宽	86千米
水深	30~52米
气候	寒冷
交通	舰船航行不便，但有利于潜艇水下航行

● **苏厄德半岛**
（美国）

寒风凛冽，冰天雪地，却是约 40 000 头北美驯鹿繁衍生息的"世外桃源"。

● **楚科奇半岛**
（俄罗斯）

新的水银产地，生活着捕鱼舵手——海鸬鹚。

20世纪90年代，环球白令海峡隧道铁路集团公司提出修建一条90千米长的白令海峡隧道，引起人们的关注。该"空前巨大的工程"如能实现，对开发俄罗斯东部巨大的油田、矿产和其他资源极为有利，而且从美国东海岸可直接乘火车到达西欧各地，经济发达的北美和西欧之间的国际货运成本将大大降低，还可能提供新的不同寻常的旅游机会。此项工程能否实现，世界上许多工程师和商人均在拭目以待。

2. 麦哲伦海峡 Estrecho de Magallanes
——为纪念麦哲伦船队完成人类首次环球航行命名的海峡

麦哲伦海峡位于南美洲大陆南端和火地岛之间，沟通南太平洋和南大西洋（见图2）。海峡为麦哲伦船队所发现。麦哲伦为葡萄牙航海家，1519年9月20日率帆船5艘、船员165名，从塞维利亚港起航，沿非洲西北岸南下，横渡大西洋，到巴西沿岸南下，1520年

图 2　麦哲伦海峡

10月21日到达海峡东口，11月27日出海峡入"大南洋"。时值洋面风平浪静，将"大南洋"更名为"太平洋"。船队过关岛到菲律宾时，因卷入当地人内斗，麦哲伦被当地人所杀。仅剩的1艘"维多利亚"号船横渡印度洋，经好望角于1522年9月返抵西班牙，完成了人类首次环球航行。后为纪念此次壮举，将该海峡命名为麦哲伦海峡。

海峡东口以邓杰内斯角和圣埃斯皮里图角连线为界，东连大西洋，属阿根廷水域，以西为智利水域。

海峡由地壳断裂沉降而成，绵延曲折，略呈"V"字形。从东口向西转向西南，到不伦瑞克半岛南端后又转向西北，入太平洋。北岸是南美洲大陆南端及不伦瑞克半岛、列斯科岛、曼努埃尔·罗德里格斯岛、阿德莱达皇后群岛；南岸有火地岛、道森岛、阿拉塞纳岛、克拉伦斯岛、圣伊内斯岛、德索拉西翁岛。

整个海峡航道比较复杂，最深处深1 170米，主航道最浅处深20米。航道航标齐全，有灯塔、灯桩、灯浮、雷达反射器和雷达应答器，便于大船航行。

海峡可分为东、中、西三段。东段在火地岛北、西岸与南美大陆之间，两岸为潟湖①型海岸，多草地，水域较宽阔，但水深较浅，又可分为4段：火地岛北端狭窄处称普里梅拉水道，较平直，两岸礁滩散列，

---

① 潟（xì）湖：浅水海湾因湾口被淤积的泥沙封闭形成的湖，也指珊瑚环礁所围成的水域。有的高潮时可与海相通。

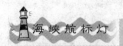

海峡航标灯

峡　名	麦哲伦海峡
位　置	南美洲南端和火地岛之间
峡岸国	智利、阿根廷
沟通水域	太平洋与大西洋
峡　长	563千米
峡　宽	3.3～33千米
水　深	最浅20米,最深1 170米
气　候	寒冷,年平均气温低于10℃
交　通	不能通过巴拿马运河的大型油轮仍需过此海峡

可航宽度仅 2.2 千米；火地岛圣维森特角以北的狭窄处宽约 18.5 千米；该角以西的内乌沃水道宽约 9.3 千米,马格达莱纳岛东缘有一片危险物；不伦瑞克半岛以东的普恩乔水道宽畅。其东侧有伊努蒂尔湾和怀特赛德海峡,此海峡以南的阿尔米兰塔斯戈湾和法尼亚诺湖是深入火地岛的长而狭窄的峡湾。中段在不伦瑞克半岛以南,地势自东向西渐升,沿岸山峰巍然,悬崖陡壁,岩石上覆盖苔藓植被,坡丘多密林,又可分为 4 段：安布雷水道在道森岛西北,较宽,水深,为整个海峡的最南端,由此转向西北；弗罗厄德水道在阿拉塞纳岛和克拉伦斯岛以北,水深,但受海外风影响较大；英格尔斯水道宽 2.8 千米,西北端受外海大风浪影响较大,其北端有伸入不伦瑞克半岛和列斯科岛之间的奥特韦湾；托尔多索水道位于圣伊内斯岛北侧,为海峡中最狭窄的一段,且有安森和克罗克德暗礁,安森礁位于水道中央,将水道分为南、北两部分,各宽 926 米,宜从南侧通航。西段为峻峭的岩岸,形势险要,陆上多灌木林,水域狭窄,水深,有冰川注入,可分为两段：拉戈水道宽 4.8 千米；马尔水道宽约 9.3 千米,日夜均可通航。海峡内少大船锚地,北岸的波塞西翁湾有两处锚地,黑色硬泥沙底。东口有石油钻井平台,西口多礁石和沉船。

　　海峡位于南纬 52°～54° 之间,气候寒冷。年平均气温低于 10℃,如蓬塔阿雷纳斯为 6.5℃。因位于西风带,以西风和西南风居多,风力较大,可达 12 级。9 月至翌年 3 月为强盛行风期,风力大于 7 级的风暴,年平均达 100 天。降水量较大,向风坡降水量可达 5 000 毫米以上。西口以西海域常有数十米高的海浪,为世界上海浪最强烈的水域之一。帆船时代极易发生海难事故。潮汐为不正规半日潮,潮高 1.2 米,自西向东增大,最高达 12 米。涨潮流向西,落潮流向东。流速多为 2～4 节,部分水域有强潮流,最窄处流速达 8.1 节。高低潮潮时由东向西推迟,在高潮前 3 小时开始西流,高潮后 3 小时开始东流。

东口及火地岛上蕴藏有石油和天然气。阿根廷在东口建有连接大陆和火地岛的海底天然气管道。不伦瑞克半岛东岸的蓬塔阿雷纳斯是智利麦哲伦省的省会，为沿岸唯一重要城市、自由港、重要加油站，可停泊大型舰船。

海峡为重要国际航道。16 世纪末为西班牙所控制。1881 年，阿根廷、智利两国签订双边条约，宣布海峡永久中立，各国舰船均可通航，两岸为非军事区。1898 年，

● **火地岛**

火地岛东部属阿根廷，西部属智利。是除南极洲以外最靠南的陆地。年平均气温 5℃。阿根廷建立了火地岛国家公园：海滩上有海豹群，林间有活蹦乱跳的野兔，山岭高处是茂盛的山毛榉林……

美国、西班牙战争爆发后，美舰"俄勒冈"号从圣弗朗西斯科（旧金山）经海峡到达大西洋。第二次世界大战开始后，中立地区被废止，准许两岸构筑工事。自 1947 年开始对通过船只实施强制引航。1984 年，阿根廷、智利签订了"和平友好条约"，划分了管辖水域：东口邓杰内斯角与圣埃斯皮里图角连线以东属阿根廷水域，以西由智利管辖。

巴拿马运河开通后，海峡的航运价值曾一度降低。20 世纪 60 年代后，赴南极考察、探险的活动日益增多，又因为海峡东口油田的开发，超大型油船不能通过巴拿马运河的仍需过麦哲伦海峡，海峡在国际航运中的地位又日渐提高。

3. 德雷克海峡 Drake Passage
——世界最宽、最深的海峡

德雷克海峡位于南美洲南端与南极洲南设得兰群岛之间，连接太平洋和大西洋（见图3）。其东西长约 300 千米，南北宽 900~950 千米，是世界最宽的海峡；平均水深 3 400 米，最深处达 5 248 米，又是世界最深的海峡。北侧为南美大陆南端、麦哲伦海峡以南的火地岛、奥斯特岛、纳瓦里诺岛等众多的岛屿，其中最南端的是一个小岛——合恩岛，合恩岛南端就是著名的合恩角。该角为荷兰航海家斯豪腾于 1616 年发

● **合恩角**

智利合恩岛南部的岬角，南美的最南端，大西洋和太平洋的分界线，离南极洲最近的陆地。

图3 德雷克海峡

现，并以他的出生地荷兰的合恩命名。其南侧为南设得兰群岛。我国建立的第一个南极科学考察站长城站就设在该群岛的乔治王岛上。群岛以南就是南极洲的南极半岛。海峡中部有萨尔斯海丘，水深470米。海底多红沙泥。

海峡位于南纬56°~62°之间，处于盛行西风带。上空盛行西风，尤以北半部风力更强，风速一般每小时达23~37千米（4~5级），有时超过72千米（8级）。平均气温北部为5℃，南部为-3℃。冬季最低达-20℃。海水表层温度自北部6℃到南部1℃。海水盐度从北向南递增。南极环流从太平洋经海峡流向大西洋，水流流量每秒达1.49亿立方米，为世界第一。5—6月浮冰线位于海峡北部，8—9月浮冰线位于海峡中部。因多风暴和冰山，海峡有"航海家坟墓"之称。1999年8月有一座长77千米、宽38千米的冰山

海峡航标灯	
峡 名	德雷克海峡
位 置	南美洲南端与南极洲南设得兰群岛之间
沟通海域	太平洋、大西洋
峡岸国	智利、阿根廷
峡 长	300千米
峡 宽	900~950千米
水 深	平均3 400米，最深5 248米
气 候	寒冷
交 通	不能过巴拿马运河的大型油轮穿此海峡航行，赴南极考察的船只自南美穿海峡到南极洲

在海峡附近漂流。每天漂流速度为11~14千米，因受海流等因素影响，

漂流方向不固定，且因海浪冲击、气温升高，冰山不断崩裂为体积大如卡车或小楼房的巨型冰块，对航行造成极大的威胁。

海域有海胆、海星、海绵等海洋生物，浮游生物丰富，南部盛产磷虾。

海峡以英国航海家德雷克命名。德雷克不是第一个途经此海峡的航海家，他只是经麦哲伦海峡到达过火地岛。第一个途经此海峡的是1615年探险家斯科顿率领的佛兰芒探险队，19世纪末20世纪初，航运相当发达。1914年巴拿马运河开通后，海峡航运地位下降。20世纪60年代以来，随着巴拿马运河过往船只越来越多，大型超级油轮又难以通过运河，海峡的航运价值又有所提高，尤其是世界各国到南极进行科学考察活动日渐升温，科考船只一般都由智利或阿根廷横穿此海峡到达南极，海峡的航行意义因此又重要起来。

4. 马六甲海峡 Strait of Malacca
——两洋"战略走廊"

马六甲海峡位于东南亚马来半岛和苏门答腊岛之间，东连南海，西接安达曼海，扼太平洋和印度洋海上航运咽喉，因此有两洋"战略走廊"之称（见图4）。因临近马来半岛的古代名城马六甲而得名。

海峡略呈东南—西北方向延伸。东北岸属马来西亚西部地区的西南岸和泰国南部的西南岸，以及新加坡南岸；西南岸为印度尼西亚苏门答腊岛的东北岸；西北以泰国的普吉岛南端与苏门答腊岛西北端的佩德罗角的连线和安达曼海为界；东南则以皮艾角与卡里摩岛西北端及卡里摩岛南端与朗桑岛北岸的连线接新加坡海峡，过新加坡海峡与南海相通。海域形似一个喇叭，东南狭窄，西北宽阔。东南口最窄处仅37千米，西北口宽370千米，长约1 080千米，包括新加坡海峡全长1 188千米。

● **普吉岛**

地域景色多样化：海滩上有洁白的细沙、茂盛的红树林，雨季的瀑布壮观而秀丽，远处的海岛在海面上若隐若现，高档次的旅店和旅游设施一应俱全……

海岸总的趋势比较低平，森林遍布，多为长有茂盛的椰林和红树林的平原和沼泽，河流众多，一派热带风光。东北岸为冲积泥沙岸，地势平坦。东南端多岬角和浅水湾；皮艾角至多和尔角为树木茂密的低岸；多和尔角至马六甲海岸较低，部分地段泥滩向外延伸约 4.6～7.5 千米；中段岸线平直，沿岸泥滩延伸约 1.8 千米，低潮时露出水面；森美兰群岛至槟榔屿之间海岸多岬角、海湾；西北端沿岸平原山地相间，海岸多处被注入海峡的河流切割。西南岸为苏门答腊岛海岸，岸线曲折，多沼泽地。中部部分地段岸线较平直，多泥滩，有沙滩带，河口处可登陆；塔米昂角附近海岸很低，植物丛生；塔米昂角至金刚石角之间为长满树木的高地，内陆为由西北向东南延伸的山脉；西端海岸有数个岬角围成的几个海湾，河口处多沙滩。主要海湾有勿拉湾、兰沙湾、亚鲁湾等。

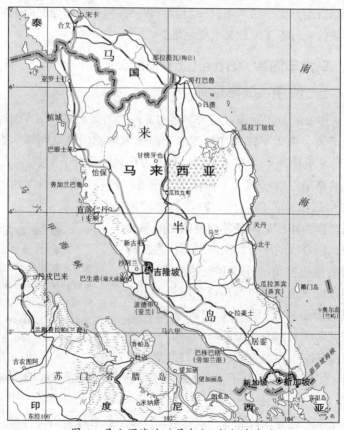

图 4　马六甲海峡（局部）、新加坡海峡

注入海峡的河流多而短小，较大的有苏门答腊岛上的硕顶河、罗干河、巴鲁门河、万普河，马来半岛上的坡河、巴生河、霹雳河等。

马六甲海峡海底地形比较复杂，两岸附近岛屿众多。东南出口附近有印度尼西亚的廖内群岛和新加坡的50多个岛屿。苏门答腊岛东北岸有卡里摩岛、朗桑岛、望加丽岛、鲁帕岛等低平的岛屿。北岸马来西亚岸边有森美兰群岛、潘科岛、槟榔屿、凌家卫岛，泰国岸边有阁兰达岛、普吉岛等岛屿，西口苏门答腊岛西北端有韦岛。海底一般水深25～113米，自东南向西北递增，最深处位于西北口，深逾1 500米。靠近马来半岛一侧较深，大部水深25.6～73米，为2.7～3.69千米宽的深水航道。但航道也较复杂，一英寻滩附近航道较窄，航道北侧最浅水深6.1米，为航行危险区。东南口进出海峡的主要航道位于皮艾角与小卡里摩岛之间，宽约18千米，靠近苏门答腊岛一侧较浅。底部虽较平坦，但为粉沙、沙、泥沙和贝壳底，淤积较严重，需经常疏浚才能保持水深，从而保证航行畅通。部分小岛边缘有岩礁和沙脊，沙脊向西北方延伸达48千米，有碍航行。苏门答腊岛的罗干河口向西北有数条狭长的海底峡谷，走向大致与海岸平行。东南部多浅滩、浅点和岛礁，岛屿间多水道。北侧多和尔角与比桑岛连线以北海底起伏不平，多浅水区。较大浅滩有朗格浅滩、克拉克浅滩、罗利浅滩、皮勒米德浅滩、一英寻滩和贝哈拉浅滩等。西北部进出口附近陡深，为粉沙质软泥底。

海峡航标灯	
峡　名	马六甲海峡
位　置	东南亚马来半岛和苏门答腊岛之间
峡岸国	马来西亚、新加坡、印度尼西亚
沟通海域	南海(太平洋)与安达曼海(印度洋)
峡　长	1 080千米
峡　宽	东南口37千米，西北口370千米
水　深	一般为25～113米
气　候	热带雨林气候，炎热多雨，4～11月夜间偶有"苏门答腊风"，伴有狂风暴雨
交　通	年通过船只8万艘，仅次于英吉利海峡和多佛尔海峡
军事基地	马来西亚的槟城、巴生港、卢穆特海军基地，北海、亚罗士打空军基地；印度尼西亚的棉兰海军基地

海峡位于赤道气候带，属热带雨林气候，炎热多雨。年平均气温26~28℃，最高气温约37℃，最低约18℃。气温年较差和月较差均较小。全年大部分时间风力较弱，年平均风力1~3级。受热带辐合带的影响，东北风和西南风交替出现。11月至翌年3月多东北季风，5月西北部多西风，中部多南风，沿岸为海陆风。6—9月多西南季风。4—11月夜间偶有"苏门答腊风"，伴有狂风暴雨。海区多云，平均总云量约6~8成。雨水丰沛，年降水量2 000~2 500毫米，10—12月最多，东北季风期日降水量有时达200~300毫米。雷暴较多，年平均有140个雷暴日。2—3月、6—8月较干燥。

年平均表层水温27~29℃。盐度：夏季约30‰，冬季30‰~32‰。潮汐为半日潮，潮差：苏门答腊岛一侧，西北端约2.5米，东南部最窄

● **印度洋地震海啸**

印度洋靠近马六甲海峡西北口海域，2004年12月26日发生9.0级地震，触发印度洋大海啸，致使多个国家共21.6万人死亡。

处约5.8米。马来半岛一侧平均约2.8米。波德申港平均大潮高潮2.7米，平均大潮低潮0.33米；平均小潮高潮1.89米，平均小潮低潮1.18米。普吉港平均大潮高潮2.55米，平均大潮低潮0.27米；平均小潮高潮1.77米，平均小潮低潮1.05米。涨潮流向东南，落潮流向西北，流速均为3节。海流流向西北，流速约1节。海峡东部马六甲与望加丽岛之间水域多漩涡，有急流。

海峡地区蕴藏有丰富的石油和锡矿等资源。

马六甲海峡地处东南亚中部，系东亚连接南亚、非洲和欧洲的海上交通要冲，具有重要的交通和战略价值。海峡有悠久的通航历史。中国船只早在公元初年就已航行于马六甲海峡。公元7—13世纪已是中国与南亚、阿拉伯各国和非洲人民友好往来的海上交通要道。1405—1433年，中国航海家郑和七下"西洋"，每次都经过马六甲海峡，然后分别到达波斯湾、红海和非洲大陆东岸。阿拉伯人也在4世纪就开辟了从波斯湾和红海横渡印度洋，经马六甲海峡到达中国港口及印度尼西亚马鲁古群岛的航线，古称"香料之路"。1869年，苏伊士运河通航后，中国人的"下西洋"之路延长到了地中海和大西洋，"香料之路"也由阿拉伯人和欧洲人共享。从此，亚欧之间的航程大大缩短，马六甲海峡也更加繁忙。现

在，马六甲海峡已是世界最繁忙的航运咽喉之一，有多条国际航线通过，几乎集中了从西太平洋到北印度洋、地中海、西欧的各条航线。该航线还是日本从中东、东南亚和非洲进口的石油和其他原料以及出口工业品的必经航线，因而被日本视为"生命线"；美国从中东运往关岛等地的石油和从东南亚进口的天然橡胶、锡等战略物资运回国内，也都经此海峡。据统计，每年通过海峡的船只多达8万余艘，平均每天220多艘次，仅次于世界上航运最繁忙、位于英法之间的英吉利海峡和多佛尔海峡。

它的重要地位使它成为殖民主义者长期争夺的战略要地。尤其是16世纪以来，西方殖民者开始向东方侵略，马六甲海峡便成为列强争夺的要地。从此，马六甲海峡历经沧桑。1511年，葡萄牙殖民者侵占马六甲，最先称霸海峡。1641年荷兰占领马六甲海峡，控制海峡达180余年。1824年，英国在马来西亚取得殖民地后控制了海峡。1941年，日本发动太平洋战争，从英国人手中夺取了海峡控制权。第二次世界大战后，海峡的主权重新回到了沿岸国家人民手中。但是，美国和苏联出于各自的全球战略考虑，加紧了对马六甲海峡的争夺，提出海峡"国际化"的主张。海峡在苏联的全球战略中具有十分重要的价值，如能控制海峡，就能排挤打击美国在这一地区的势力，断绝西欧、美国重要战略物资的供应，切断日本赖以生存的海上通道。为此，苏联在20世纪70年代以后，大力发展太平洋舰队，军舰总吨位从1965年的75万吨增加到1980年的152万吨。1979年以后，又把越南的金兰湾、岘港、胡志明市和海防等海空军基地，还有柬埔寨的深水港西哈努克港作为向东南亚扩张和控制马六甲海峡的前哨基地。入侵阿富汗后，一批批太平洋舰队的舰船经马六甲海峡进入印度洋，到1980年苏联在印度洋的军舰多达30艘，对马六甲海峡形成钳夹之势。当然，当时的另一个超级大国美国也并不示弱。1986年美国海军宣布马六甲海峡为要控制的全球16个海上航道咽喉之一。

在这种形势下，沿岸国政府也奋起斗争。1971年，印度尼西亚、马来西亚和新加坡三国发表联合声明，反对马六甲海峡"国际化"，宣布三国共管海峡事务。1977年3月24日，三国又签署了"关于马六甲—新加坡海峡安全航行的三国协议"，并获得国际海事协商机构的批准。这项协议提出的新规则的要点是：轮船在行经被指定的单向航道时，北路只向西行，南路只向东行。轮船如果高达 14 米或载重达到了 15 万吨，则其船底龙骨到海床的距离必须保持 3.5 米。轮船在单向航道上的时速不得超过 12 英里，而且不得超越前面的轮船。

按照这项新规则，载重量超过 28 万吨的油船必须减载航行。而日本每年经过马六甲海峡的油轮多达 1 400 艘次，据估计其运输石油的开支每年将会增加 1 亿～2 亿美元。为此，日本在反对三国管制海峡未果的情况下，提出后延 6 年执行上述协议，以便建造 28 万吨以下的油船。但这也是不可能的。于是日本船业界设立的马六甲海峡理事会主动提出要求与三国合作，提供资金和技术，以改进马六甲海峡航行的安全。此后，日本人在海峡地区进行了 6 个月的测量，耗资 5 500 万美元设立 7 个浮标、10 座灯塔、3 个电子导航系统。

马六甲海峡的导航设施历来比较完善。但是，由于海底地形十分复杂，有 37 处航行危险区，再加上航行船只越来越多，航行事故不断发生。例如：1975 年，日本的超级油轮"祥和丸"在新加坡附近触礁，溢出数千吨原油，使广大海面遭受污染；1977 年 6 月 12 日，一艘新加坡籍的豪华邮轮"拉沙沙央号"在马六甲海峡海域起火燃烧；1992 年 8 月 23 日，一艘希腊籍的 13 000 吨的豪华邮轮"皇家太平洋号"被台湾"德富五十一号"渔轮撞沉等。另外，当地海盗的活动也是海峡航行的一大障碍。尽管如此，马六甲海峡在主权国的管理下，一直保持着国际海上航运枢纽的重要地位。

海峡沿岸建有多个港口和海、空军基地，主要有马来西亚的槟城、巴生港、卢穆特海军基地和北海、亚罗士打空军基地，印度尼西亚的棉兰海军基地，泰国的普吉港。位于海峡东南口附近的新加坡港是东南亚最大港口，年货物吞吐量和集装箱吞吐量长期位于世界港口前列，2015 年仅次于上海港，列第二位。新加坡港还可为过往马六甲海峡船舶停泊、补给和维修。

5. 新加坡海峡 Strait of Singapore
——与马六甲海峡共同构成两洋交通要冲的海峡

新加坡海峡位于马来半岛和苏门答腊岛之间，马六甲海峡东南端以外（见图4）。北侧为马来半岛和新加坡岛；南岸为印度尼西亚的廖内群岛小卡里摩岛、巴淡岛和宾坦岛的连线；西以马来半岛的皮艾角与卡里摩岛西北灯标连线为界连马六甲海峡，通安达曼海；东部界线为马来半岛的帕纽索普角、佩德拉布兰克礁和宾坦岛的连线接南海。东南亚国家将它与马六甲海峡合称为"马六甲海峡和新加坡海峡"，简称"马新海峡"。两海峡共同构成太平洋和印度洋之间的海上交通要冲。

海峡两岸岸线曲折多湾，岸外多水道。北侧马来半岛有柔佛河在新加坡岛以东注入海峡，其余岛上河流均很短小。北侧新加坡港以东海岸平直，以西曲折，但均较平坦；多珊瑚礁和沙岸，陆上多沼泽地。中段有50多个岛屿，其中较大的有加拉尾岛、西拉耶岛、亚逸查湾岛、苏东岛、安乐岛等。南侧的廖内群岛中较大的岛屿有巴淡岛和宾坦岛，其余均为密集的小岛。岛上为海拔不足200米的丘陵地，沿岸多礁石。新加坡海峡实际上是众多岛屿间的通航水道。

新加坡海峡海底地形十分复杂。岸边多珊瑚礁，20米等深线离各岛约5～10千米，东口宾坦岛北岸东段离岸达15千米。深于20米的航道东段宽10～15千米，西段15～25千米，新加坡岛以南宽不足5 000米，最窄处仅2 000米。航道水深22～151米，最深217米，平均水深约25米。西段航道附近多礁石、浅滩，有的浅水处水深不足2米。泥、沙和珊瑚底。

热带海洋性气候，终年高温多雨。年平均气温26℃。5—9月多西南风，12月至翌年3月多东北风，风力较弱，一般小于4级。10、11月为无风季节。年平均降水量2 400毫米，多雷阵雨。降水多集中在10月至翌年3月，一般白天多雨。9、10月多霾，能

海峡航标灯	
峡　名	新加坡海峡
位　置	马来半岛与苏门答腊岛之间，马六甲海峡东南端
峡岸国	新加坡、马来西亚、印度尼西亚
沟通海域	南海与马六甲海峡
峡　长	111千米
峡　宽	东口37千米，西口18千米
水　深	平均25米，最深217米
气　候	终年高温多雨
交　通	年通过船只8万多艘，是著名的"石油航线"咽喉
港　口	新加坡港，世界最大港口之一。扼马六甲海峡东南口，商港货运量超过前世界第一大港鹿特丹
军事基地	新加坡的勿拉班岛和端士海军基地，印度尼西亚的丹戎槟榔海军基地

见度小于 9.5 千米。属不正规半日潮，涨潮流流向西，落潮流流向东。西口流速 2 节，东口最大流速 3.5 节。中段潮流较弱。柔佛河口与巴淡岛之间多急流和漩涡。12 月至翌年 3 月，海峡内最大浪高 0.9 米。

新加坡海峡每年通过船只 8 万多艘，是世界上最繁忙的水道之一。北岸新加坡岛上的新加坡港是东南亚最大的港口，商港货运量超过荷兰鹿特丹港，与世界上 300 多个港口通航，是世界上最著名的转口港。裕廊及岸外岛屿为能源和海运基地。在南岸巴淡岛上，印度尼西亚正在建设港口。

新加坡海峡是马六甲海峡东出太平洋的必经之路，其交通意义和战略价值与马六甲海峡相同，历为世界所瞩目。16 世纪初被葡萄牙人侵占。17 世纪受荷兰人控制。19 世纪初英国人控制海峡，将新加坡作为在东南亚进行殖民活动的中心。第一次世界大战后，英国将新加坡建成其在远东最大的海军基地。1942 年 2 月，日本占领了海峡地区。"二战"后，苏联和美国极力鼓吹海峡"国际化"，遭到沿岸国家的严正拒绝。1971 年，马来西亚、新加坡、印度尼西亚三国发表联合声明，宣布共管马六甲海峡和新加坡海峡事务。1977 年又签订了三国协议，规定通过海峡油船的大小和航速，并按分道航行制度通过。

交通上的重要性决定了战略上的价值。海峡地区历来为各国军事部门所重视。勿拉尼岛和端士建有新加坡的海军基地，印度尼西亚在海峡南方建有丹戎槟榔海军基地。

6. 巽他海峡 Selat Sunda
——火山爆发最猛烈的海峡

巽（xùn）他海峡位于印度尼西亚爪哇岛和苏门答腊岛之间（见图 5）。爪哇岛是印度尼西亚人口最多、经济最发达的岛屿，苏门答腊岛是世界第六大岛、印度尼西亚资源最丰富的大岛。海峡呈东北—西南走向，长约 150 千米。东北口狭窄，宽仅 26 千米，以苏门答腊岛东南端的萨穆巴尔都角与爪哇岛西北端的普朱特角连线为爪哇海；西南口较宽，宽 130 千米，以苏门答腊岛南端的库库贝林宾角和爪哇岛西南端的古哈科拉克角连线接印度洋。

巽他海峡是沟通太平洋和印度洋的洋际通道，是西北太平洋国家经爪哇海至东非和绕道好望角去西非、欧洲的海上交通要冲。20世纪70年代，美国第七舰队曾多次经此海峡来往于西太平洋和印度洋之间。1986年，美国海军宣布该海峡为要控制的全球16个海上航运咽喉之一。

海峡东侧为爪哇岛西岸，中段为平原海岸，南北两段地势较高，山地丛林密布，海岸较平直，仅有拉达湾和韦耳康斯湾两

图 5　巽他海峡

个浅湾，湾内水深不足 20 米。北岸为苏门答腊岛的南岸，岛上多山地，丛林密布，海岸曲折，中段较陡峻，有两个较大海湾：西侧的塞芒卡湾和东侧的楠榜湾。海峡内有许多岛屿，较大的有：西南口南侧的帕奈坦岛，塞芒卡湾口的塔布安岛，楠榜湾口西侧的勒贡迪岛、东侧的塞布库岛和塞布西岛，海峡中部的塞尔通岛和拉卡塔岛，海峡狭窄处尚有散吉昂岛和居德芬群岛。

拉卡塔岛是一座火山岛。原来面积有 38.4 平方千米，人口 35 147 人。1883 年 8 月 27 日岛上火山突然爆发，声音传到 3 000 千米外的马尼拉及 4 800 千米远处的印度洋洛德里杰斯岛。爆炸振波绕地球 7 圈，使全世界各地的地震仪都有感应。各大洋都发生了大海啸，附近浪高达40 米。岛上的 73% 土地被吹到 30 千米以上的高空，火山灰扩散到 77 万平方千米的范围内，释放能量达 100 亿吨煤当量。火山爆发毁灭了附近 295 个村镇，死亡约 5 万人，夺去了全岛人的生命，使岛屿成了只有10.5 平方千米的无人小岛。这是有史以来地球上最大的一次火山爆发。1928 年，火口湖中又冒出一座新山峰，到 1962 年已升至 132 米。20 世纪 50—70 年代岛上火山仍有喷发。至今小岛常年热气蒸腾，火山口浓烟直冒，成为当今世界级旅游胜地。

海峡最狭窄处的散吉昂岛将海峡隔成两个航道，主要航道在爪哇岛一侧，登布朗岛和普朱特角上建有灯塔，可通航 20 万吨级以下舰船，适于潜艇水下航行。深 50 米的深水航道成狭长形，最窄处 3.3 千米，战时易被封锁。靠近苏门答腊岛一侧航道水流较急，岸边有小岛、礁石，中间有露出岩礁，航行条件差。

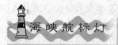

海峡航标灯

峡 名	巽他海峡	
位 置	印度尼西亚爪哇岛和苏门答腊岛之间	
峡岸国	印度尼西亚	
沟通海域	爪哇海与印度洋	
峡 长	150千米	
峡 宽	东北口26千米，西南口130千米	
水 深	一般20~200米，最深1 759米	
气 候	热带雨林气候	
港 口	楠榜	

海峡东部位于大陆架上，一般深度20~200米，西半部逐渐加深。西南口最深处达 1 759 米，底部有泥、沙、石和贝底。

该地属热带雨林气候，年平均气温 25℃ 左右。8、9 月为东南季风，风力达 4 级的约有 4 天；10—12 月多西南—西风，风力 1~4 级；12 月至翌年 3 月多西风，风力一般为 2 级，有时达 9 级。年平均降水量 1 770~1 915 毫米。季风期有时出现平流雾。水温 25~29℃。盐度冬季为 30‰~31‰，夏季为 33‰~34‰。混合潮最大潮差 1.4 米。潮流：涨潮流流向东北，落潮流流向西南，流速 0.5~1.3 节。海流：风生流沿爪哇岛北岸经海峡入印度洋。

楠榜是沿岸最大港口，位于楠榜湾首，是苏门答腊岛南部的门户，

● **海峡隧道**

爪哇—苏门答腊全长 50 千米，其中 25 千米位于海底（已经列入规划）。

与对岸爪哇岛上的拉布安、默拉克隔海相望，为两岛间运输要冲。为克服海峡两岸陆地交通的障碍，印度尼西亚政府准备建一条海底大隧道，采用汽车、火车兼运方式，将印度尼西亚两个最重要的大岛联系起来。

7. 龙目海峡 Selat Lombok
——印度尼西亚的南大门

龙目海峡位于印度尼西亚中部南侧的巴厘岛和龙目岛之间，北接巴厘海，并通过巴厘海与印度尼西亚各岛间海相连，南通印度洋，是西太

平洋和印度洋之间的重要洋际海峡，更是印度尼西亚通向印度洋的重要门户，故有印度尼西亚的南大门之称（见图6）。

海峡略呈东北—西南走向，西北岸为东南亚旅游中心之一的巴厘岛。岛上多庙宇建筑和雕刻、绘画作品，并以秀丽的热带风光享誉世界，常有许多国际会议在此召开。巴厘岛沿海峡岸线比较平直，北段

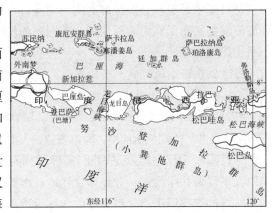

图6　龙目海峡

为山地，海岸陡峻，南部仅南端为陡岩岸，其余岸段较低平。东南岸为龙目岛，岸线曲折，南部为石灰岩台地，北部为山地，多陡峭岩岸；中段为平原，沿岸多低平沙滩，距岸9.3千米以内浅于180米，多暗礁、岛屿，不利于航行。

海峡北半部水深大于500米，最深达1 783米。南半部有珀尼达岛雄踞中间，为扼控海峡的要地。岛屿由石灰岩构成，多千姿百态的石林，风光奇特。岛两侧有浅于200米的海坎分别连接龙目岛的西南端半岛和巴厘岛东南端的塔费尔胡克半岛，但均有深于200米的狭窄通道。向南深度迅速加深，与印度洋洋盆相接。海底多沙砾，部分为石底、沙贝底。

海峡长约80.5千米，北口宽35千米。南口被珀尼达岛分为东西两个水道。东水道宽约20千米，为主航道，大部水深超100米，为努沙登加拉群岛西部最深通道，可通航50万吨级油船；西水道称巴东海峡，最窄处约11千米，一般水深

海峡航标灯

峡　　名	龙目海峡
位　　置	印度尼西亚，巴厘岛和 龙目岛之间
峡岸国	印度尼西亚
沟通海域	巴厘海与印度洋
峡　　长	80.5千米
峡　　宽	11~35千米
水　　深	50~100米
气　　候	热带季风气候
军事基地	龙目岛上的安佩南

也超过 50 米。

龙目海峡是努沙登加拉群岛的一个垭口，两岸陡深，且受不同季风和海流驱赶的水团在海峡深层进行着剧烈的侵蚀和冲刷的影响，使海峡不断加深、加宽。

海区属热带季风气候，平均气温：1 月为 27.8℃，7 月约 26.7℃。4—5 月多东南风，12 月至翌年 3 月多西北风。年平均降水量 1 000 ~ 2 000 毫米。水温 26 ~ 29℃。盐度 33.5‰ ~ 34.5‰。透明度 30 ~ 50 米。属半日潮。涨潮流流向北，落潮流流向南。海流湍急，大潮时表层流速 11.7 ~ 13.6 节。

龙目海峡不仅是印度尼西亚各岛间海通往印度洋的"南大门"，也是西太平洋通往印度洋，并经印度洋通往南亚、大洋洲、非洲和欧洲的国际航线的重要通道，是世界性的洋际走廊。随着马六甲海峡航运的日渐拥挤，许多巨型船只常经此海峡往来。沿岸主要港口有西岸巴厘岛上的登巴萨，龙目岛上的安佩南为印度尼西亚的海军基地。

8. 巴厘海峡　Selat Bali
——印度尼西亚经济中心和旅游中心间的海峡

峡　名	巴厘海峡
位　置	印度尼西亚爪哇岛与巴厘岛之间
峡岸国	印度尼西亚
沟通海域	巴厘海与印度洋
峡　宽	北口 3 000 米，南口 20 千米
水　深	较浅，只能通行小吨位的船只
气　候	全年高温潮湿

巴厘海峡位于印度尼西亚南部爪哇岛和巴厘岛之间。北连巴厘海，南接印度洋。北窄南宽，北部最窄处仅 3 000 米，向南逐渐变宽。南口略偏东南，爪哇岛东南端的布兰邦岸半岛与巴厘岛南岸之间宽达 20 多千米。

海峡位于南纬 8°~ 9° 的热带地区，全年高温潮湿。两岸地正当东南季风线路上，从印度洋吹来的潮湿空气，在这里的迎风面形成大量的地形雨[①]，年降水量可达 2 000 毫米以上。

巴厘海峡虽然也是跨洋海峡，但由于海

---

① 气流在地形影响下形成的雨。主要由空气流经山坡或受山地扰动被迫抬升，使其所含水汽凝结所致。常发生在山脉的迎风面。

峡水深较浅，只能通行小吨位的船只，大吨位的船只跨洋航行多取道马六甲海峡，或本海峡东侧的龙目海峡和爪哇岛以西的巽他海峡。尽管如此，该海峡仍为重要海峡，因为海峡西侧的爪哇岛是印度尼西亚的政治、经济、文化和交通中心，有1亿多人口，占印度尼西亚总人口的60%，而东侧的巴厘岛却是东南亚的旅游中心之一。巴厘岛面积只有5 561平方千米，山地的主峰却有3 142米高，岛西部的原始森林里分布有虎、野猪等动物，是亚洲虎分布的最远端。岛上风光优美，多热带森林，是"吉利马努克文化"的发源地。现是"千岛之国"中最具特色的一座艺术之岛。其农村手工业发达，并以佛教庙宇建筑、音乐、舞蹈、雕刻、绘画等著称于世，吸引着印度尼西亚国内外数以万计的游客从爪哇岛或由爪哇岛横渡海峡转赴巴厘岛观光游览。

9. 巴斯海峡 Bass Strait
——南太平洋岛屿至印度洋的捷径

巴斯海峡位于澳大利亚大陆东南端与塔斯马尼亚岛之间，沟通太平洋的塔斯曼海和印度洋，是太平洋南部自新喀里多尼亚经斐济群岛、萨摩亚群岛、库克群岛到法属波利尼西亚的广大区域西去印度洋的捷径（见图7）。

在第三纪以前，塔斯马尼亚岛和澳大利亚大陆连成一体。其两侧的海域是一个广阔的大陆架，这里原是一个沉积盆地，其上覆盖着巨厚的

图7 巴斯海峡

沉积物。第三纪以后，澳大利亚大陆东南沿海的山脉隆起，盆地相对陷落，海水侵入，塔斯马尼亚岛与大陆分离，形成巴斯海峡。

该海峡由1798年英国航海家乔治·巴斯率领的船队第一次穿过而得名。海峡呈东西走向，北为澳大利亚大陆东南部，南为塔斯马尼亚岛北岸。东自大陆东南端的豪角至塔斯马尼亚岛东北端的埃迪斯通角的连线为界，连接塔斯曼

海。此界南段有众多的岛屿，较大的有弗林德斯岛和巴伦角岛，弗林德斯岛与大陆南端威尔逊角半岛之间还有肯特群岛、霍根群岛、柯蒂斯群岛等小岛，呈链状分布，形成海峡东部的屏障。东界附近虽然多岛礁，但岛礁间深度大于 50 米，助航设备比较完善，且在威尔逊角半岛以南的罗当多岛和东芒科尔岛南北有分道航行区域，大船仍可安全通航。西部以大陆南部的奥特韦角与塔斯马尼亚岛西北端的格里姆角连线接印度洋。有金岛位于界线中部，将水道分为南北两段。南部水道尚有亨特岛、斯里哈莫克岛、黑皮腊米德岛、雷德岩礁、贝尔礁等岛礁散列，成为水道的航行障碍；北部水道则无岛礁。海峡面积约 7.8 万平方千米。中部平坦，为广阔的大陆架。

海峡航标灯	
峡　名	巴斯海峡
位　置	澳大利亚大陆东南端与塔斯马尼亚岛之间
峡岸国	澳大利亚
沟通海域	塔斯曼海(太平洋)与印度洋
峡　长	322千米
峡　宽	128~240千米
水　深	50~91米
气　候	温暖多雨
军事基地	墨尔本

巴斯海峡南岸的塔斯马尼亚岛地处温带，温暖多雨，岛上多山，有丰富的森林资源，且有铅、锌、铜、铁和锡等矿产，畜牧业也发达。北岸陆上多山地，海岸曲折，较大的海湾有菲利普港湾，沿岸岛屿上有珍奇的鸟类——仙企鹅。菲利普岛上建有游览乐园，供游客观赏仙企鹅。这种鸟体态小巧玲珑、白胸黑背，走起路来摇摇晃晃，活像一个穿燕尾服的绅士，非常可爱。仙企鹅的登陆方式很奇特：时间一到，第一只仙企鹅准时从海浪中游过来，登上沙滩，它率领的约 50 只仙企鹅鱼贯登岸，排成三列整齐的纵队，像受过训练的仪仗队接受人们的"检阅"一样。

海峡底部的海盆深层堆积中有丰富的油气资源，东北近岸水域的石油已被开采。

巴斯海峡是澳大利亚东西海岸各港往来的重要通道，也是太平洋与印度洋在南半球中纬地带的重要通道。位于菲利普港湾北岸的墨尔本是澳大利亚第二大城市，曾为澳大利亚联邦的首都，现在是澳大利亚的重要海港和海洋交通枢纽，也是澳大利亚的重要海军基地。

10. 丹麦海峡 Denmark Strait
——常年有浮冰的海峡

丹麦海峡不在丹麦本土附近，而在格陵兰和冰岛之间。海峡几无纵深，最小宽度290千米。略呈东北—西南走向。西南连大西洋，东北接北冰洋的格陵兰海，是北冰洋南下大西洋的重要捷径。

海峡航标灯	
峡　　名	丹麦海峡
位　　置	格陵兰岛(丹麦)和冰岛之间
峡岸国	冰岛、丹麦(格陵兰岛)
峡　　宽	最小290千米
沟通海域	格陵兰海(北冰洋)与大西洋
水　　深	200~400米
气　　候	寒冷. 常年有浮冰
军事基地	凯夫拉维克

海峡西岸为世界第一大岛格陵兰，沿岸为高于2 000米的山脉，常年覆盖冰雪，岸线曲折，近岸多岛礁；东侧冰岛海岸陡峭，多深切割的峡湾，滨海低地狭窄。

自冰岛比亚尔格角至格陵兰爱德华·霍尔姆角的海底为格陵兰—冰岛海岭，水深200~400米，向两侧迅速陡深至1 000米以上。

海峡近一半海域位于北极圈内，气候寒冷。冰岛沿岸平均气温1月0~2℃，7月9~11℃。东格陵兰海流沿海峡西岸向南流，带有源自北冰洋的冰山，所以常年有浮冰。另一股较暖的伊尔明厄洋流的分支近冰岛海岸向北流。

沿岸较大居民地均在冰岛一侧。雷克雅未克是冰岛首都，也是全国经济、文化、交通中心，工业产值占全国的一半，是全国最大的商港和渔港。凯夫拉维克是海军基地，驻有美国海军航空兵和陆战队。

二、太平洋主要海峡

太平洋区域海峡众多，但分布很不均匀。由于太平洋东部岸线平直，岛屿较少，海峡不多；而西部的岸线异常曲折，多半岛和岛屿，太

平洋海峡也主要分布在西部。

1. 鞑靼海峡 Tatarskiy proliv
——俄罗斯的"宝峡"

  鞑靼（dá dá）海峡位于太平洋西北部俄罗斯远东地区海岸和萨哈林岛（库页岛）之间（见图8）。这里虽然人烟稀少，经济开发滞后，但由于海峡地区自然资源特别丰富，因此有俄罗斯"宝峡"之称。

  萨哈林岛（库页岛）呈南北方向纵卧在俄罗斯远东地区海岸外，使其与大陆之间形成一条南北方向延伸的纵向长达633千米的海峡。海峡南宽北窄，南部最宽处宽300千米，北口宽40千米，北部最窄处称涅韦尔斯科伊海峡，宽仅7.3千米。海峡水深一般为200米，最深230米。阿穆尔河注入海峡的北口附近，河口附近水深仅7.2米。

  海峡两岸历史上是中国领土。1860年沙俄诱迫腐败的清政府签订了不平等的《中俄北京条约》，将乌苏里江以东约40万平方千米的中国领土强行划归俄罗斯，遂使鞑靼海峡两岸成为俄罗斯的领土，并把海峡以东的库页岛更名为萨哈林岛。中国历史地图上早已将库页岛表示成海岛，但是法、英等欧洲人一直认为库页岛是与大陆连接的半岛，鞑靼海峡是

图8　鞑靼海峡、宗谷海峡（拉彼鲁兹海峡）

一个海湾。直到19世纪初，日本人间宫林藏才发现库页岛不是半岛，并把库页岛与大陆之间的海峡改称为间宫海峡。

海峡地处高纬地带，气候寒冷，冬长夏短。12月中南部平均气温也只有 −12℃。鄂霍次克海的寒流沿海峡南流，而对马暖流越过日本海沿鞑靼海峡北上。寒暖流的交汇，在海峡地区造成浓雾天气。尤其是每年春夏之交，经常有浓雾弥漫，严重影响航行。夏季平均水温10～12℃，冬季结冰，冰期两个半月。潮汐：南部为半日潮和混合潮，潮高2.7米；北部为不正规全日潮，潮高2米以上。

海峡两侧海岸较平直。大陆沿岸北部低平，世界第七长河阿穆尔河（黑龙江）注入海峡北口附近，河口三角洲地势低湿，野草丛生，小鸟成群；中南部有锡霍特山脉临近海岸，多陡岸。萨哈林岛（库页岛）北部地势也较低平，多沼泽，中南部海岸陡峭。

海峡航标灯	
峡　名	鞑靼海峡
位　置	太平洋西北部，俄罗斯远东地区海岸和萨哈林岛（库页岛）之间
峡岸国	俄罗斯
沟通海域	鄂霍次克海与日本海
峡　长	633千米
峡　宽	7.3～300千米
水　深	一般为200米
气　候	寒冷
港　口	霍尔姆斯克、涅韦尔斯克、尼古拉耶夫斯克
军事基地	苏维埃港、尼古拉耶夫斯克、亚历山德罗夫斯克

鞑靼海峡两岸自然资源丰富。两岸的山地上到处覆盖着茂密的森林，有云杉、松、桦、柳等，仅萨哈林岛（库页岛）上森林面积就达5万平方千米；萨哈林岛（库页岛）是一个"煤库"，储有大量的优质煤，已查明的就有200亿吨以上；萨哈林岛（库页岛）东北部还有大型油田和天然气田，岛的南部也已发现油田，现跨海峡建有两条输油管和一条输气管。海峡地区的渔业资源也很丰富，主要鱼类有鲱鱼、鳕鱼、比目鱼、鲑鱼和海鲈鱼等。鲑鱼科中的大马哈鱼是传统的名贵鱼类，这种鱼原来生活在白令海，成熟后成群结队来到鞑靼海峡，并沿阿穆尔河等河流上溯到淡水中产卵，最远可达我国松花江。此

● **大马哈鱼**
名贵鱼种。原生活在白令海，成熟后游至鞑靼海峡，沿阿穆尔河上溯到淡水中产卵，最远可到我国松花江。

外，还有金、水银、铜、磷等矿藏，熊、貂、狐狸、野鹿、麝香猫等生物资源。鞑靼海峡是运输这些资源产品的重要通道，也是俄罗斯远东滨海地区通往堪察加、符拉迪沃斯托克（海参崴）的重要水道。

海峡在冬季虽然结冰，但由于萨哈林岛（库页岛）上山脉阻挡了寒冷的东北风，又受南来的日本海暖流的影响，岛西南岸有两个不冻港：霍尔姆斯克（俄远洋捕鱼船队总管理局驻地）、涅韦尔斯克（俄拖网捕鱼队总管理局驻地）。海峡地区其他重要港口还有：苏维埃港，贝阿铁路东端出海口，俄太平洋舰队水面舰艇第二大基地，第二次世界大战时曾是捍卫萨哈林岛（库页岛）北部、防止日军入侵的基地；尼古拉耶夫斯克，位于阿穆尔河河口附近，是河运和海运的转运港，原为中国城镇，称庙街，1850 年被俄国占领后建有军事要塞，改为今名；亚历山德罗夫斯克，俄罗斯驻泊攻击潜艇的大型海军基地；拉扎列夫港等。

2. 宗谷海峡　Sōya.Kaikyō
（拉彼鲁兹海峡　La Perouse Strait）
——法国航海家拉·彼鲁兹发现命名的海峡

宗谷海峡（拉彼鲁兹海峡）是法国航海家拉·彼鲁兹于 1787 年发现的，该海峡位于日本北海道岛北端和俄罗斯萨哈林岛（库页岛）南端之间，呈东西走向。西连日本海，东接鄂霍次克海（见图 8）。最窄处在北海道岛最北端宗谷岬和萨哈林岛（库页岛）最南端克里利翁角之间，宽约 43 千米。

海峡在第四纪初由岛架沉降形成。南岸地势低平，宗谷岬至宗谷附近及东浦以北部分地段为岩石陡岸，沿岸阶地发育。宗谷岬以西至野寒布岬之间有宗谷湾，宗谷岬以东海岸平直。北岸内陆以山地为主，沿岸地势崎岖、陡峻。克里利翁角以东至阿尼瓦角之间有阿尼瓦湾。湾域宽广，口宽约 100 千米，纵深也有 90 千米，岸线较平直。

海峡海底地形起伏不大。岛屿：除北侧克里利翁角东南方 16 千米处有卡缅奥帕斯诺斯季岛（二丈岩），西口外北侧有莫涅龙岛（海马岛），南侧有礼文岛和利尻岛外，无其他岛屿。两岸边多礁石，宗谷岬东方 25 千米处有水深 16 米的宗谷浅滩。二丈岩以南可通航宽度 33 千米，为主航道，以北可通航宽度约 5 000 米，中部有一个 27 米深的浅点。海峡中部无其他障碍物。一般水深 30～70 米。宗谷岬—卡缅奥帕斯诺斯季岛—克里利翁角之间有一浅于 50 米的浅脊，向东西两侧逐渐加深。底质多岩、砾、沙和砾贝等。

海峡位于北纬 45° 30′～46° 之间，气候冬寒夏凉，冬季时间长。平均气温 1 月 −4 ℃ 以下，8 月 18～20 ℃。冬季盛行西北风，夏季多东南风。年平均降水量 1 000～1 200 毫米。6—8 月多雾。海峡北侧雾较浓，南侧较淡。克里利翁角浓雾最多，向东逐渐减少。10 月中旬至翌年 5 月中旬有雪，有时有特大暴风雪，影响航行。海水温度：最冷月北部 −1.7 ℃，南部 2.1 ℃；6 月北部 5.5 ℃，南部 10～11 ℃；8 月北部 5～8 ℃，南部 15～20 ℃。冬季北海道北岸冰情严重，但海峡中受宗谷暖流影响，冰情不严重。4—5 月海峡内有浮冰。鄂霍次克海的浮冰随东北风漂流，常封住海峡东口，并经海峡入日本海。盐度：北部 32.5‰，南部 34.1‰。潮汐属半日潮，最大潮差 1.5 米，潮流流速 0.2～5 节。海流为对马暖流的支流沿海峡南岸东流，流速 1.5～3 节，最大可达 4 节。海峡西口海流向东。卡缅奥帕斯诺斯季岛西南侧流向东南，流速 1.6 节。克里利翁角、宗谷浅滩附近有急流。

海峡航标灯	
峡　名	宗谷海峡
位　置	俄罗斯萨哈林岛(库页岛)和日本北海道岛之间
峡岸国	俄罗斯、日本
沟通海域	日本海和鄂霍次克海
峡　宽	约 43 千米
水　深	一般为 30～70 米
气　候	冬寒夏凉，冬季时间长
港　口	日本的稚内港，俄罗斯的科尔萨科夫港
军事基地	科尔萨科夫

海峡水产品主要有鲱鱼、海带等。

宗谷海峡（拉彼鲁兹海峡）扼日本海与鄂霍次克海航线要冲，是日本北海道门户，也是俄罗斯太平洋舰队北出鄂霍次克海，前往白令海、太平洋的重要通道，战略地位重要。海峡宽阔水深，宗谷岬、克里利翁角和卡缅奥帕斯诺斯季岛上都有灯标，助航设备完善，航行便利。沿岸主要港口有：稚内港，在宗谷湾西侧，是日本北海道著名的渔港，港内有 2 000～5 000 吨级泊位 16 个，1.5 万吨级泊位两个，货运量也在不断增加；科尔萨科夫港，在阿尼瓦湾内，是萨哈林岛（库页岛）上的最大港口，驻泊有少量的驱逐舰和护卫舰，建有修船厂，是俄罗斯海军远东地区的补给港和航空兵基地。

3. 津轻海峡　Tsugaru-kaikyō
——日本两个最大岛屿之间的海峡

图 9　津轻海峡

津轻海峡位于北太平洋西侧，日本两个最大岛屿本州岛和北海道岛之间（见图 9）。略呈东西走向。东口在本州岛下北半岛的尻屋崎和北海道岛的惠山岬之间，东连太平洋；西口在本州岛的津轻半岛龙飞崎和北海道岛的白神岬之间，西接日本海。东西长约 100 千米。最大宽度约 78 千米，最窄处在下北半岛的大间崎与北海道岛的汐首岬之间，宽约 18 千米。

海峡两岸岛上山地呈南北方向延伸，岸线曲折，有许多半岛、岬角伸入海中，形成许多海湾。最大海湾在南侧，向南经下北半岛和津轻半岛之间的平馆海峡，南有青森湾，东有陆奥湾。此外，还有北岸的木古内湾、函馆湾，南岸的三厩湾。入海河流众多，但均流短水急。在湾内和河口处有小片平原以外，多为山地海岸。岬角处为陡峻的岩岸，岸边多岛礁，小岛只有大间崎端外的大间岩，下北半岛西侧的大鱼岛，西口外北侧海拔 293 米的小岛。

海峡内地形复杂。东口至中部有一条深于 200 米的海谷。下北半岛大间崎东西两侧各有一片较平坦的大陆架，水深 20～200 米，宽 5～30 千米。北侧大陆架宽度 8～18 千米。西口附近有三条南北走向的海底隆起，形成隆起之间的三个深于 200 米的海底洼地。其最深深度自东向西分别为 251 米、344 米和 398 米。近岸有礁石、沉船等障碍物，但中部无障碍物，各岬角和港口处均有灯标，助航设备完善。视界良好时便于昼夜通航。海峡纵深大，水深流急，便于封锁，有利于潜艇隐蔽潜航，不利于布设水雷。

该地属温带海洋性气候，年平均气温约9℃，春、夏季多东南风，冬季多西风。强风以西至西北风最多，但从东北方进入日本海的偏东风常突然发生，风力也很强，并伴有雨雪，影响海峡内的航行。表层平均水温夏季20℃，冬季7℃，终年不冻。年平均降水量1 200～1 500毫米。春末至夏季常有雾，以6、7月最多。潮汐属全日潮，潮差较小。大潮高自西向东由0.6米增加到1.3米，小潮高为0.5～0.7米。西口附近潮流流速1.3～3节。对马暖流的大部分经海峡从西向东入太平洋，在尻屋崎以东海面与千岛寒流汇合。海流流速，西口附近1～5.5节，中部1.5～3.8节，东口2.3～5.5节。

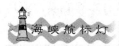

海峡航标灯

峡 名	津轻海峡
位 置	日本本州岛与北海道岛之间
峡岸国	日本
沟通海域	日本海和太平洋
峡 长	100千米
峡 宽	18～78千米
水 深	20～200米
气 候	温带海洋性气候，春、夏东南风，秋季多西风
港 口	青森港、大凑港、函馆港等
军事基地	大凑

海峡虽然沟通日本海和太平洋，也便利了两岛东西两岸的水路交通，但却阻隔了日本两个最大岛屿之间的陆路交通。尽管在青森和函馆之间有火车轮渡，龙飞崎和白神岬之间有车渡，但仍不能缓解两岛间越来越繁忙的交通。为此，日本自1964年至1985年修建了联系两岛的铁路隧道，并于1988年3月13日通车。隧道建在本州岛津轻半岛的青森县今别町和北海道岛的函馆县知内町之间，全长53.85千米，海底部分长23.3千米，高9米，宽11米，在海床下100米。顶部最深处至水面距离240米。可同时对开两列宽体新干线高速列车。该隧道使日本两个大岛连成一体，使东京—青森高速铁路延伸至北海道，成为贯穿日本南北的战略交通大动脉。

沿岸多港口，较大的有青森港、大凑港、函馆港。青森港位于南岸青森湾

● 海峡隧道

青函隧道位于本州岛津轻半岛的青森县与北海道岛函馆县之间，长53.85千米（海底部分23.3千米），高9米、宽11米，在海床下100米，顶部至水面240米。

内，是日本青森县政府所在地，有 2 000 吨级码头泊位 12 个，其中万吨级 2 个，专用码头泊位 17 个，天然气栈桥码头可停靠 5 万吨级油船。大凑港位于陆奥湾东北角。陆奥湾长 56 千米，宽 46 千米，大部水深10 ~ 20 米，是个优良港湾。1902 年辟为军港，1950—1951 年，美国先后进行了改扩建。1953 年设日本海上自卫队大凑地方队，1967 年定为核动力舰船母港，是日本海上自卫队大型反潜直升机基地之一，驻有海上自卫队大凑地方队司令部、警备司令部和大凑航空队。函馆港位于北海道岛南部函馆湾内，有火车轮渡至青森，工业、渔业发达，是日本对外开放港口，为北海道门户，有"北方长崎"之称。较小的港口还有南岸的大烟港、野边地港、小凑港，北岸的福岛港等。

4. 纪伊水道 Kii-suidō
——日本第一大港的通洋要道

纪伊水道位于日本本洲南部纪伊半岛西岸和四国岛东岸之间，是日本濑户内海东部各港南出太平洋的必经航道。水道呈南北方向延伸，北连濑户内海，南通太平洋。北端有淡路岛与濑户内海相隔，淡路岛和四国岛之间为鸣门海峡，过海峡通濑户内海东部的播磨滩海域；淡路岛与纪伊半岛之间有友岛水道通大阪湾。

纪伊水道的主水域在淡路岛以南，四国岛的蒲生田岬和本州岛的日御崎连线以北。此连线以北为日本海上交通安全法适用海域。此线向南呈宽喇叭形迅速向南展开，连太平洋。

水道两岸岸线曲折，多港湾。岸边有10 千米左右的平原地带。其西北角有吉野川注入，河口有较大面积的三角洲，地势低平，多冲积岛和河汊。东岸岸边平原较狭窄，许多山地逼近岸边成岬角、陡岸，也形成众多的港湾。四国岛蒲生田岬至室

海峡航标灯

峡 名	纪伊水道
位 置	日本本州岛纪伊半岛与四国岛之间
峡岸国	日本
沟通海域	濑户内海与太平洋
峡 长	约50千米
峡 宽	28~50千米
水 深	20米以上
气 候	温和湿润
港 口	神户港为日本第一大港，大阪港为世界著名港口，年货物吞吐量均在8千万吨以上（2013年）

户岬，本州岛日御埼至潮岬多陡峭的岩岸，注入的河流均短小流急，只有河口地区有小片平原。整个水道岸边多小岛、礁石。较大的岛屿除淡路岛外，有友岛水道中间的冲岛、地岛，淡路岛南侧的沼岛，蒲生田岬以东的伊岛，四国岛岸边的大岛等。

纪伊水道中部水深从北端的 34 米向南到蒲生田岬与日御埼连线附近的 75 米递增。底质以泥沙、细沙为主，航行障碍物不多。友岛水道宽 10 千米。中间的冲岛和地岛将其分割成三条水道：淡路岛与冲岛之间的西水道称由良海峡，宽 3 000 米，是进入大阪湾的主航道；冲岛与地岛之间的中水道宽 1.2 千米；地岛与本州岛之间称加太水道，宽仅 620 米，且礁石较多，潮流较强，大型船只通行困难。但三条水道水深都在 20 米以上，都是可行航道。淡路岛和四国岛之间的鸣门海峡更加狭窄，潮流也很强，大型船只和不熟悉当地情况的船只航行困难。蒲生田岬与日御埼连线以南，水深从 75 米向南逐渐加深至 1 500 多米，基本上没有航行障碍物，各类船只畅通无阻。

该地气候为副热带海洋性季风气候，受黑潮影响，气候温和湿润。年平均气温约 15.6℃，最冷月（1 月）约 4.8℃，最热月（8 月）约 28℃。冬季多西北风，夏季多西南风。强风多为北风，最大风力 8 级，6—7 月多台风。年平均降水量 1 400 毫米左右。潮流：涨潮为北流，落潮为南流，流速最大约 1 节。日御埼西方涨潮流为强潮流，有偏北风时波浪很大。

纪伊水道在日本海运中具有重要的地位。因为它是濑户内海东部的唯一出口，而濑户内海东部有许多日本的著名大港，如大阪、神户等。大阪是日本第二大经济中心，港口为世界级大港，年吞吐量曾达 1 亿吨以上，2013 年为 8 677 万吨。神户港为大阪港的外港，但其货物吞吐量比大阪港还多，曾达 1.68 亿吨（1994 年），2013 年为 8 835 万吨。该两港船舶除部分通过明石海峡与濑户内海各港联系外，主要经纪伊水道来往于世界各港之间。此外，濑户内海东部的冈山港、宇野港、姬路港、相生港、东播磨港、高松港等也多有船只进出纪伊水道。

纪伊水道没有大港。主要港口有和歌山港、小松岛港。橘港为商港，小松岛港是连接四国岛和本州岛的海上交通枢纽，德岛港为木材运输港和客运港，和歌浦湾北侧有和歌渔港，淡路岛东岸南端的由良港为渔业基地。

5. 丰后水道　Bungo-suidō
——日本四大岛间唯一没有桥隧联系的海峡

丰后水道位于日本九州岛和四国岛之间。日本四大岛间多有桥隧相连，本州和北海道间的津轻海峡与本州和九州间的关门海峡有海底隧道，本州和四国间的纪伊水道北方有桥梁相连，唯九州岛和四国岛之间的丰后水道既无隧道又无桥梁联系。丰后水道是濑户内海西部各港南出太平洋的必经航道。水道略呈南北方向延伸。南北长约80千米，东西平均宽约40千米，最窄处（四国岛的由良岬和九州岛的鹤御埼之间）约29千米。

海峡航标灯	
峡　名	丰后水道
位　置	九州岛和四国岛之间
峡岸国	日本
沟通海域	濑户内海与太平洋
峡　长	约80千米
峡　宽	平均40千米
水　深	50~100米
气　候	温暖湿润
港　口	大分港、别府港、佐贺关港、佐伯港、细岛港、津久见港、八幡滨港、宇和岛港

水道两岸九州岛和四国岛陆地上多山地，山高谷深，森林茂密。山地直逼海岸，岸边平原狭窄，仅海湾附近有小片平原。入海河流众多，但均源短流急。海岸多为岩岸，非常曲折，多半岛和海湾。岸边多岛屿礁石。岛屿主要集中在水道中段。西侧有冲无垢岛、地无垢岛、保户岛、大岛，东侧有户岛、日振岛、御无神岛、鹿岛、横岛，中部有水子岛、勘兵卫岩和鲔（wěi）子礁等。

水道两岸边陡深，中央一般水深50~100米，北部岛礁较少，水深约50米左右。北口狭窄，位于四国岛狭长半岛西端佐田岬和九州岛关埼之间，宽仅13千米，称速吸海峡。海峡中间尚有高岛将水道分成东西两部分，东宽西窄。西水道还有大片浅区，仅靠关埼有深于20米的航道；东水道宽且深，最深处达365米。速吸海峡以北一般水深为50~100米，是主要航道。水道北端一般水深50米左右，向南逐渐加深。南口开阔，除东侧有冲岛、姬岛、鹅来岛等岛屿外，中央无障碍物。水深自 100 米下降至 1 000 多米。海底北部底质以细沙和沙贝为主，近岸有泥底；南部以泥底为主，浅点多为岩底露头。

丰后水道位于北纬 32°40′~33°20′，南口外有黑潮暖流经过，气候温暖湿润。年平均气温约 16℃。夏季多偏南季风，冬季多偏北季风。7—8 月季风最盛行，东南风很强，有偏西强风和大雨。年平均降水量约 1 700 毫米。6、7 月多雾，1 月雾较少。潮流：涨潮流流向北，南口流速 1.1 节，北部流速 2 节；落潮流流向南，南口流速 1 节，北部流速 1.7 节。狭水道内流速可达 3~4 节。速吸海峡内，大潮最大流速涨潮流为 5.9 节，落潮流为 5 节。

水道西侧九州岛是日本第三大岛，东侧四国岛是日本第四大岛。虽然岸边无大港，但日本是个经济发达国家，沿岸小港很多。

主要港口有：速吸海峡西侧别府湾内有大分港和别府港。大分港是日本大分县政府所在地，自古就是东九州交通要道，石油、钢铁、电力工业发达，是重要的对外贸易港；大分县所属的别府港是一个渔港，更是旅游观光港。别府是日本著名的温泉旅游城市，市内有温泉 3 900 多处，素有"泉城"之称，旅游设施完善，每年接待游客上千万。港口有通向阪神、广岛和对岸宇和岛的海上航班；别府湾内还有佐贺关港，既是渔港，又是商港和对外贸易港。

九州岛东岸有：佐伯港，过去以军港发展起来，现在是工业港和对外贸易港；细岛港，是工业港和木材港；津久见港，是商港。这些港口虽然规模都不算大，但都是可靠泊万吨级以下船舶的天然良港。

四国岛西岸有：八幡滨港，是商港，更是闻名全国的渔港；宇和岛港，是商港。此两港是可靠泊 5 000 吨级以下船舶的天然良港。

6. 关门海峡　Kammon-kaikyō
——日本西部海陆交通要冲

关门海峡位于日本两个经济最发达的大岛本州岛和九州岛之间（见图 10），略呈"V"字形延伸，中部转折处在彦岛以南。东段呈西南—东北走向，较狭窄，东北口连濑户内海；西段呈东南—西北走向，稍宽，西北口通朝鲜海峡。海峡虽不宽，但由于南北两岛和东西连接的两个海域都是重要区域，所以该海峡成为日本西部海陆交通要冲，是濑户内海各港通往日本海、黄海、东海的交通要道，交通、军事价值均十分重要。

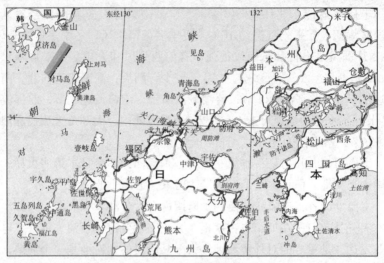

图 10 关门海峡、朝鲜海峡（局部）

海峡东段北岸为本州岛最南端，是海拔 300 米以下的丘陵地，最南端是下关市区；南岸为九州岛最北端，属海拔不足 400 米的低山，沿海为北九州市门司区的市区。海峡中部北岸为彦岛，最高点只有 105.6 米，海岸平缓。海峡西段北岸为彦岛、六连岛和马岛等岛屿，都比较低平；南岸为北九州港填筑成的码头区，有若松航道通北九州西部的洞洞湾。

海峡长 28 千米，西段平均宽 2 000～2 600 米，东段宽不足 2 000 米，最窄处 900 米，可航宽度仅 500 米。一般水深大于 10 米。东北口两岸多人工鱼礁，北侧有满珠岛，岛的南方有中沙洲，把东北口分为北水道和中央水道。田野浦港区前面的釜床岩（最小水深 6.9 米）外部，有的

峡 名	关门海峡
位 置	本州岛与九州岛之间
峡岸国家	日本
沟通海域	朝鲜海峡与濑户内海
峡 长	28 千米
峡 宽	900～2 600 米
水 深	一般大于 10 米
气 候	温暖湿润
交 通	濑户内海各港前往日本海、黄海、东海的咽喉要道
港 口	关门港

地方水深 6.2～9.1 米；西北口有蓝岛和白州等岛屿，附近水深浅于 10 米。六连岛和马岛将西北口分为东、西两条水道。由于东、西两口附近多岛屿浅滩，海峡容易被封锁。海底以沙贝底为主，一些浅点的地方为岩底。

关门海峡位于北纬 33°～34° 之间，气候温暖湿润。年平均气温 17℃。全年多东风，其次为西北风。从春末到夏季盛行海陆风，冬季受西北季风影响，12 月至翌年 2 月平均风速 3 级，最大风速 44.2 米／秒（相当于 14 级）。年平均降水量 1 800 毫米左右，春、夏季多雨。初春至梅雨季节有雾，多发生在日出前，日出后消散。潮流：涨潮为西流，落潮为东流。大潮时平均流速均为 6.2 节，最大流速西流为 6.5 节，东流达 8.5 节。

海峡北部的本州岛是日本最大的岛，为日本政治、经济、文化中心；南部的九州岛经济也很发达，日本四大岛中仅次于本州岛。两岛间联系非常密切，但此海峡是两岸陆路交通的阻障。为解决两岸交通联系，建有 3 条海底隧道。第一条铁路隧道建在海峡中部下关车站和门司车站之间，中间通过彦岛，长 3 614 米，高 7 米，位于水下 33 米处；公路隧道在东口早鞆水道最狭窄处，长 3 461 米，宽 7.5 米。其后又建成新关门铁路隧道，长 18 千米（水下 900 米）。1973 年，在公路隧道附近又建成一座跨海公路桥，长 1 068 米。

海峡岸线除北岸关门隧道以东，西段彦岛、马岛海岸多为天然海岸外，北岸的下关市区，彦岛海岸中段，以及整个南岸均为人工岸，主要是码头岸线。其实整个海峡区域就是一个港区，称为关门港。港内水域不宽，航道狭窄，航船拥挤。但助航设备很齐全，吃水深度浅于 9 米的船只通行无阻。曾通过海峡的最大船舶"新鹤丸"，长 314 米，吃水 9.48 米，排水量 92 112 吨。

关门港可分为下关、西山、白岛、田野浦、门司、小仓和若松 7 个港区。

下关区位于本州岛南端下关市。下关是本州西南部门户，历史上就是著名的贸易港和渔港。工业有渔业机械、造船、汽车、冷冻和罐头等，现为工、商、军港。位于市区西侧小海峡的下关渔港，是日本著名的远洋渔业基地之一。1970 年与韩国釜山之间开辟了国际轮渡。

西山区在彦岛西南岸，为工业港和木材港。

白岛区位于西北口外白岛东侧，是一个泊地，水深不足 20 米，不避任何风浪。

其他四区在南岸北九州市内。北九州由原门司、小仓、户、八幡、若松 5 市合并而成，是日本著名的工业城市，曾有日本"钢铁工业支柱，军事工业基础"之称，钢铁、煤炭、化学、矿山机械工业发达。门司港区在下关对岸，为商、军港，也是煤炭输出港；田野浦港区在门司区北侧，有水泥工业和石油基地，是工业港；小仓港区在门司港区西南方，金属、石油工业发达，是商业中心，为商港和工业港；若松港区在北九州市区西部，包括八幡区，若松航道及洞海湾内航道、码头很多。若松是煤港，其西南洞海湾内的八幡港区是钢铁基地专用港。

7. 朝鲜海峡　Korea Strait
——日本联系亚洲大陆的必经之路

朝鲜海峡位于朝鲜半岛与日本本州、九州岛之间，是日本通往朝鲜半岛的捷径。略呈东北—西南延伸。西北岸是朝鲜半岛及其附近岛屿海岸，东南是本州岛、九州岛和五岛列岛海岸（见图 10）。东北连日本海，通常将朝鲜海峡划为日本海的一部分，是日本海的"南大门"。西口有济州岛，济州岛北侧是济州海峡，经济州海峡通黄海。西南以济州岛和五岛列岛之间的海域连东海。

据研究，海峡形成于 1 万年前的冰河期，两岸为沉降式海岸，岬湾交错，岸线蜿蜒曲折，半岛、岛屿罗列。西北岸主要半岛有花源半岛、灵岩半岛、高兴半岛、丽水半岛和固城半岛等；较大的岛屿有珍

海峡航标灯

峡　名	朝鲜海峡
位　置	朝鲜半岛与日本本州、九州岛之间
峡岸国	韩国、日本
沟通海域	日本海与黄海、东海
峡　长	约 300 千米
峡　宽	约 180 千米
水　深	大部分 50～100 米
气　候	季风显著，四季分明
港　口	釜山、关门港、福冈、佐世保
军事基地	佐世保、釜山、镇海、木浦、济州，其他军港还有北九州、下关、博多港、对马岛

岛、甫吉岛、莞岛、青山岛、居金岛、金鳌岛、突山岛、南海岛、巨济岛和加德岛等。半岛和岛屿围成众多的海湾，较大的有丁嵊海、马路海、得粮湾、汝自湾、顺天湾、丽山海湾、晋州湾、镇海湾和蔚山湾等。入海河流较多，较大的只有洛东江和蟾津江。陆岸陡峻，陆上多山，交通不便，沿岸多泥滩，水域狭窄，因此不利于船舶航行，适于登陆的地段也不多。东南岸大部为 500 米以下的低山和临海平原，入海河流不多，较大的只有远贺川。水陆交通均较便利，便于登陆的地段也较多。主要半岛有丝岛半岛和长崎半岛，较大的岛屿有壹岐岛、平户岛和五岛列岛等，主要海湾有福冈湾、唐津湾、伊万里湾、佐世保湾、大村湾、天草滩、岛原湾和八代海等。中部有对马岛（上岛和下岛）雄踞其间，面积 703 平方千米。岛上多山，土壤瘠薄，水源不足，自然条件不好，但军事价值很大，利于控制封锁海峡，是日本通往朝鲜半岛的跳板。西口有海峡中最大岛屿济州岛，面积 1 860 平方千米，为火山岩岛，缺少水源，是韩国第一大岛，也是扼黄海、东海通往日本海的要冲，战略地位重要。

● **对马岛**

地处朝鲜海峡中央，为日本控制海峡之军事要地，素有"日本国防第一线"之称，驻有日本防卫队。

海峡长约 300 千米，宽约 180 千米，大部分水深 50～100 米。对马岛将海峡分为两条水道，朝鲜半岛与对马岛之间称为西水道或釜山水道，宽约 46～67 千米，一般水深 70～120 米。最深处在对马岛西北方舟状海盆内，深 229 米。西水道西连济州海峡。对马岛与九州、本州岛之间称东水道，宽约 98 千米，平均水深 50 米，最深 131 米。东水道中的壹岐岛又将水道分为两部分：对马岛与壹岐岛之间称为对马海峡，长 222 千米，宽 46.3 千米，最深处 120 米；壹岐岛与九州岛之间称壹岐水道，较窄，水深也浅。

● **对马海峡**

位于对马岛与壹岐岛之间，长222千米，宽46.3千米，最深处120米。

海域大部分位于大陆架上，起伏较小。两口附近及朝鲜半岛一侧较平坦，等深线大致和海峡方向平行。东北口北方及五岛列岛南方海域属大陆坡范围，深度超过 200 米。对马岛西北方沿东北—西南走向延伸有舟状海盆，侧壁斜面急陡，长约 90 千米，宽 1 015 米，北段水深大于

200 米。对马岛南方至五岛列岛西部的舟状海盆，两侧急陡，狭窄，水深也超过 200 米。五岛列岛南部海底陡降，水深达 800 米。西南口海底较平缓，但济州海峡西部有楸子群岛和一些小岛南北排列，海底地貌较复杂。东北口东南侧较平缓，西北侧向日本海急剧加深。海峡两侧近岸岛屿众多，海底地形复杂。

海峡西北侧大部为泥底，局部为沙底。自西向东为泥、细沙和沙，东北侧主要是沙和沙贝底，日本沿岸以沙和细沙为主。对马岛、壹岐岛和朝鲜半岛东南岸近海大部为岩底。东北口多细沙底，西南口为沙和沙贝底。

海域位于北纬 33°～35°30′，地处亚洲东部季风区，属副热带气候。平均气温：1 月 6℃，8 月 26℃。极端最低气温 −14.2℃，1 月出现在韩国木浦；极端最高气温 37.7℃，8 月出现在日本萩市。冬季盛行西北风，风力强，可达 7～8 级。夏季盛行西南风，风力小，平均 3～4 级。春、秋季为风向转换期，风力较弱，风向不定。深秋风力逐渐增大。6—9 月为台风季节，以 7、8 月最多，每年平均有 2 次，最多可达 4 次。台风袭来时，最大风速可达 45 米／秒（相当于 15 级风）。能见度中部好于两岸，南部好于北部，东部好于西部。海雾西部多于东部，主要出现在 3—7 月，称为海峡"雾季"。年平均雾日韩国木浦 27.3 天，日本平户 21.3 天。年平均降水量 1 840 毫米，韩国沿岸 1 200～1 500 毫米，日本沿岸 2 000～2 400 毫米。6—9 月为雨季，尤以 7 月最多。表层水温：夏季 20～25℃，冬季 10～15℃。等温线基本与海峡走向平行，由朝鲜半岛海岸向日本海岸逐渐增高。盐度 31.1‰～34.7‰。透明度西南口附近最大，两侧沿岸最小。其中西侧尤以济州海峡附近最小，一般小于 10 米。中部约 15～25 米。透明度全年以 8 月最大，5 月最小。潮汐为半日潮和不正规半日潮，潮差自东北向西南增大。东北口 0.2～0.5 米，西南口约 3.1 米。西水道和对马海峡涨潮流向西南，落潮流向东北。大潮平均流速 1～1.5 节，小潮流速 0.5 节。九州岛北岸涨潮流向东北，落潮流向西南。在日本沿岸关门海峡至五岛列岛的诸水道中，涨潮流流向海峡，在朝鲜半岛西南岸，涨潮流是离海峡而去。在海峡沿岸窄水道中，潮流流速很强。朝鲜半岛西南端的珍岛和右小营半岛之间的海峡，流速达 9～11 节。在关门海峡达 7 节。强大的潮流可引起潮激浪（即激潮）。如对马岛西侧鱼濑鼻北面、对马岛北侧的三岛西面、对马岛东侧的大梶埼附近、五岛列岛的田浦水道西北口、福江岛的大濑埼沿岸、奈留水道的东北口、泷源水道的东南口、小值贺水道的西口等处都有强大的激潮浪，对小船有危险。朝鲜海峡有两支海流：占主导位置的是对马暖流，自东海向东北流，约占水体的80%；另一支是日本海寒流，从日本海流入海峡中。海流在潮流和风的影响下，月变化和年变化都较大。每年在9、10月流速最强，2、3月最弱。涌浪受风的影响，冬夏两季最大，10月至翌年3月以西北偏北向的涌浪最多，最大浪级在7级以上。7、8月以南向涌浪为主，浪级也比较大。

　　朝鲜海峡地处东北亚海上交通要冲，是日本联系朝鲜半岛和亚洲大陆的必经之路，也是日本海通向亚洲东部各海的捷径。曾是俄国、苏联太平洋舰队南下太平洋的咽喉要道，为日俄争夺的重要海域，交通、战略地位十分重要，历史上曾发生过多次战争。16世纪末，朝鲜壬辰卫国战争期间，日本于1592年建立一支16万人的陆军，700～800艘战船、3万～4万人的海军经对马岛在朝鲜釜山、洛东江口等地登陆，侵略朝鲜，几乎占领整个朝鲜半岛。在中国的援助下，朝中军队于1593年收复大部分失地。1597年日本再次派14万人军队经朝鲜海峡入侵朝鲜，期间进行过多次海战。1592年5月，在玉浦海战中，埋伏在巨济岛东岸玉浦港的75艘朝鲜舰船，经3次战斗击沉日舰44艘；1592年8—11月，在釜山海战中，朝鲜水师击溃日本驻釜山的海军主力；1598年12月，在露梁海战中，朝中军队在海上阻击撤退的日军，在露梁附近激战，日军3 000余艘战舰大部分被击沉，日军死亡数以万计，从而胜利地结束了历时7年的朝鲜壬辰卫国战争。日俄战争期间（1904—1905年），曾在海峡发生过对马海战：日俄战争爆发后，驻旅顺口的俄太平洋第一分舰队部分舰船被歼，大部分舰船被封锁在港口内。1904年5月，俄抽调波罗的海舰队主力编成太平洋第二分舰队驶向远东支援第一分舰队。1905年2月，又将波罗的海舰队剩余舰只组成第三分舰队，在菲律宾汇合后于当年6月27日驶至朝鲜海峡，但遭到日舰拦截，经过近一昼夜的激战，俄舰被击沉19艘，被俘5艘，战死4 830人，被俘5 917人，俄太平洋舰队覆灭。

朝鲜海峡两岸有许多重要的港口和军事基地。北九州，曾有日本"钢铁工业支柱，军事工业基础"之称，扼关门海峡，是日本著名的工业城市、国际贸易港，也是军港。下关，扼关门海峡，日本西部门户，重要商、军港，与韩国釜山间有国际轮渡。福冈为日本九州政治、经济、文化中心之一，博多港为日本重要商、军港，客运量每年达4 700多万人次，佐世保为日本著名海军基地，是日本历史上通向亚洲大陆的前进基地，可停泊航空母舰以下舰船90余艘，港内设施大部分被美军占用，部分为日本自卫队使用。对马岛是日本控制海峡的军事要地，素有"日本国防第一线"之称，现驻有日本防备队，在对马海峡装设有固定式潜艇预警水声器材，20世纪80年代初，日本陆海空自卫队曾在对马岛附近海域进行登陆演习。釜山为韩国第二大城市，拥有该国最大的港口，为朝鲜半岛南部门户，是重要的海军基地，其东北濒日本海的北坪（今东海），为韩国海军第一舰队司令部驻地。镇海为天然良港，可泊2万吨级舰船，可维修包括驱逐舰在内的各种舰艇，是韩国重要的海军基地及海军作战司令部驻地。木浦为韩国重要的远洋运输港及海军基地。济州也是韩国海军基地。

1986年，美国海军宣布朝鲜海峡为要控制的全球16个海上航道咽喉之一。

自东岸日本佐贺县的镇西，经壹岐岛、对马岛，至西岸韩国的釜山，计划兴建"日韩海底隧道"。

8. 大隅海峡　Ōsumi-kaikyō
——中国东部海域东出太平洋的重要通道

大隅海峡是日本九州岛和琉球群岛之间的一个深水海峡，是中国东部海域东出太平洋的重要通道。北侧为九州岛南端的大隅半岛和萨摩半岛，南侧是琉球群岛北端的种子岛、马毛岛、竹岛和硫黄岛（见图11）。略呈东北—西南走向，长约72千米。一般宽33千米，最窄处在佐多岬和竹岛之间，宽约28千米。

海峡北岸为大隅半岛东南岸，多为300～600米的丘陵地，山上多树木，山地逼近海岸，部分为沙质海岸，多数岸段为峻峭的岩岸，岸边陡

深。海峡南侧为大隅群岛的东部诸
岛，岛岸险峻。

海域一般水深100～300米，
东半部位于大陆架上，向西逐渐
加深。200米等深线在中部呈南
北方向通过。东口南侧，种子岛
以北深于100米，北侧大隅半岛
东南岸深50～100米；西口北侧
100～200米，南侧100～300米，
200米等深线离硫黄岛、竹岛约

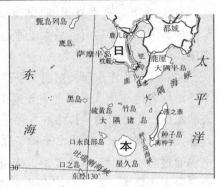

图11 大隅海峡

3～11千米。底质多为泥、沙、贝、珊瑚。沿岛岸边有一些礁石，中部
无障碍物。

该地属亚热带气候。年平均气温17℃，2月最低约6.5℃，8月最
高约34℃。11月至次年3月多西北风，
其他月份多东风。风力1月最强，7月
最弱，初秋常有风暴。7—10月为台风
季节，9月台风最多。年降水量2 000
毫米。6—7月为雨季，雨天可持续
30～60天。雨季结束时，有较强的西
南风。3—7月有雾，6月最多，能见度
差。表层水温大部为21～25℃。盐度
约33.5‰～35.9‰，夏季较低，11月
至翌年2月最高。透明度一般为16～30
米，8月最大达48米。潮汐为半日潮，
潮差1米。潮流、海流复杂。大部分水
域高潮后2小时至低潮后2小时潮流流
向东北，低潮后2小时至高潮后2小时
潮流流向西南。平均最大流速，大潮期
1.3～2节，月赤纬最大时流速达3节，小

海峡航标灯

峡　名	大隅海峡
位　置	日本九州岛与琉球群岛之间
峡岸国	日本
沟通海域	东海与太平洋
峡　长	约72千米
峡　宽	33千米，最窄处28千米
水　深	一般100～300米
气　候	亚热带气候
交　通	黄海、渤海、东海沿岸各港东出北太平洋的重要通道
港　口	鹿儿岛港、鹿屋港、西之表港、一凑港

潮时 0.5～1 节。夏季有黑潮[①]的支流通过海峡，流向东北，流速 1～2 节。佐多岬和种子岛附近最大流速达 5 节。大隅半岛沿岸有一股低温西南流，流速 0.5 节。

大隅海峡西连东海，东通太平洋，不仅是黄海、渤海、东海、朝鲜半岛沿岸各港东出太平洋的重要通道，也是美国第七舰队的常用航道。海峡水深，无障碍物，佐多岬、种子岛北端、马毛岛、硫黄岛上都建有灯标，利于航行。大隅半岛至种子岛的西之表港、奄美大岛之间有海底电缆通过海峡，附近潮流复杂，流速达 3.5 节，且有急流，对航行有影响。沿岸多港湾，最大海湾有北岸的鹿儿岛湾，东口北侧的志布志湾。附近港口有：鹿儿岛港，位于鹿尔岛湾湾首，是日本九州南部重要商业

● **种子岛**

为日本琉球群岛最北端的大岛，岛上设有日本宇宙飞行试验中心。

中心和港市，可停泊万吨轮；鹿屋港与鹿儿岛港一起，在第二次世界大战期间，曾为日本海军舰船驻泊地；西之表港是种子岛最大港市，可停泊 5 000 吨级舰船，种子岛上设有日本宇宙飞行试验中

心；一凑港是屋久岛最大港市，也可停泊 5 000 吨级舰船。其他港口还有喜人、大泊等。

9. 渤海海峡 Bohai Haixia
——"渤海咽喉""京津门户"

渤海海峡东连黄海，西接渤海，是渤海的唯一出口，因此素有

图 12　渤海海峡

"渤海咽喉"之称，又因渤海西侧是我国首都北京和工业重镇天津地区，故又有"京津门户"之称。渤海海峡为中国北方海防战略重地（见图 12）。

辽东半岛西南端的老铁山西角与山东半岛北端的蓬莱角的连线为

[①] 黑潮也叫"日本暖流"，是北太平洋西部流势最强的暖流。

渤海和黄海的分界线，因此，渤海海峡又是渤海与黄海的分界。新生代第四纪以来，该地区因地壳运动，时而成陆，时而被海水淹没。现在的海峡是全新世海侵淹没而成。海峡南北宽106千米，南浅北深，中南部2/3的海面上，沿南北方向纵列着庙岛群岛，把海峡分割成老铁山、小钦、大钦、北砣矶、南砣矶、高山、猴矶、黑山、螳螂、长山、登州11条水道和隍城岛门、珍珠门、宝塔门等航门。最宽的水道老铁山水道宽42千米（约合22.7海里），不足我国领海宽度的两倍（24海里），因此渤海是我国的内海。最窄的珍珠门仅0.3千米。水深大部在18米以上，且底部较平坦，碍航物少，助航设备完善，适于通航。

海峡航标灯	
峡　名	渤海海峡
位　置	中国辽东半岛与山东半岛之间
峡岸国	中国
沟通海域	渤海与黄海
峡　宽	106千米
水　深	大部分在18米以上，最深86米
气　候	温带湿润气候
港　口	大连、旅顺、烟台、蓬莱、长山港

老铁山水道位于辽东半岛和北隍城岛之间，水深大部在40～60米之间，最深86米，为海峡最宽最深水道，也是黄海水进入渤海的主要通道，大型船只多从此进出；长山水道位于海峡中部，介于猴矶岛和北长山岛之间，宽7千米，水深17～30米，为北黄海南部通往天津的捷径；登州水道位于海峡南部，介于南长山岛和山东半岛之间，宽6.4千米，水深10～24米，是山东半岛联系庙岛群岛的必经之路，也是渤海海水外流的主通道。各岛岛岸附近坡度较陡，其余海底较平缓，起伏不大。因海流的冲刷作用，老铁山水道海底形成一条深槽，而登州水道泥沙沉积形成登州浅滩。

该地属温带湿润气候，年平均气温11.9℃，月平均气温8月为23.9℃，1月为－2.2℃。6—9月为雨季，年平均降水量565毫米。海区多大风，年平均大风日数67.8天，主要在冬、春季。冬季多偏北风，风力常达6～7级，涌浪较大；春季多偏西风。4—8月为雾季，以6—7月最盛，年平均雾日15～37天。年平均表层水温11.5℃，2月最低，为2～3℃，不结冰，8月最高，为23～25℃。盐度一般在29‰～31.5‰

之间。透明度南部 1～8 米，中、北部为 2～10 米，最大 12 米。潮汐属正规半日潮，潮差 1.2 米左右，最高可达 2～3 米。潮时无规律，潮流分布复杂。海峡两侧多为回转流，各水道为往复流；北部一般涨流向西，落潮流向东，中、南部涨潮流一般向东，落潮流向西。流速 3、9 月最小，6、7 月最大；北部较大，南部较小；表层较大，底层较小。老铁山水道潮流流速高达 4～6 节，长山水道 2 节左右，登州水道 3～3.25 节，海流一股从老铁山水道流进渤海，另一股环渤海沿岸经登州水道流出，对渤海的水交换有重要作用。

渤海海峡多港口：北岸有大连港、旅顺港，南岸有烟台港、蓬莱港，中部有长山港。大连港是中国东北地区最大的港口；旅顺港是著名的军港；烟台港是商港和渔业基地；蓬莱港扼守海峡南口，是海防要地；长山港是封锁海峡的庙岛群岛的最大军、商、渔混合港。

渤海海峡不仅是渤海的唯一出口，也是东北联系华北、华东的海上捷径，交通、军事地位重要。百余年来，外国军队多次通过海峡入侵中国。1840 年和 1856 年两次鸦片战争，英法军进攻天津大沽口，1900 年八国联军侵犯天津、北京，1937 年日本侵略军都通过该海峡西进。

虽然渤海海峡是中国北方水路的交通要道，但同时也是陆路交通的障碍。为此，中国政府已经建设大连至烟台的火车轮渡，并计划建设蓬莱、庙岛群岛到老铁山角的桥梁、隧道通道。

10. 台湾海峡 Taiwan Strait
——中国的"海上走廊"

台湾海峡位于我国福建省和台湾省之间，北通东海，南接南海（见图 13）。北界为台湾岛北端的富贵角与海坛岛北端的连线。南界为台湾岛南端的鹅銮鼻向西北，沿南澳岛南浅滩至该岛东南端的连线。该海峡呈东北—西南走向，长约 370 千米。北窄南宽，北口宽约 200 千米，南口宽约 410 千米。最窄处在台湾岛白沙角与福建海坛岛之间，约 130 千米。总面积约 8 万平方千米。

台湾海峡属东海海区，但有一种意见是将其划归南海，还有一种意见是从厦门港南岸的镇海角至台湾浊水溪口连线为界，北半部划入东海，南半部划入南海。而国际海道测量组织的《海洋界限》则单独将其划为一个独立的海域。

台湾海峡以北为我国东部沿海北方海域东海、黄海和渤海，以南为我国南部海域南海。海峡恰好位于两个海域的中间，是纵贯南北海域的海上交通要道，成为中国的"海上走廊"。从欧洲、非洲、南亚和大洋洲各国及地区到我国东部各港口的船只也要经过此通道。

台湾海峡是在漫长的地质时期中经过多次海陆变迁形成的。

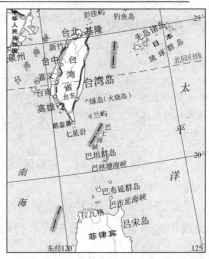

图13 台湾海峡（局部）、巴士海峡、巴林塘海峡、巴布延海峡

在古生代和中生代，海峡地区是"华夏古陆"东缘的一条海槽。第三纪受喜马拉雅造山运动的影响，海槽上升为陆地，成为台湾山脉和福建山地之间的一个带状山间平原。此后，海峡地壳时升时降，台湾岛与大陆时连时分。中新世台湾耸起成陆，形成海峡地形的基本轮廓。第四纪冰期时又经多次海陆变迁，距今6 000年前开始形成现今的海峡地形。

海峡西侧的福建沿岸岸线曲折，在直线距离500千米内，海岸线长达2 800千米。闽东山地向东南延伸的山丘分支直逼海滨，形成许多半岛、岛屿、海湾。沿岸岛屿有340多个，较大的有海坛岛、南日岛、金门岛、南澳岛等。大小海湾有30多个，较大的有兴化湾、湄州湾、泉州湾、围头湾、浮头湾、东山内澳、诏安湾

峡　名	台湾海峡
位　置	中国福建省和台湾省之间
峡岸国	中国
沟通海域	东海与南海
峡　长	370千米
峡　宽	200~410千米，最窄处130千米
水　深	平均60米
气　候	北热带、南亚热带季风气候
港　口	福州、泉州、厦门、高雄、基隆、左营、马公

● 澎湖水道

海峡中部偏东南的澎湖列岛与台湾岛之间为澎湖水道，长65千米，宽约46千米，水深北部70米，向南逐步加深至160米，最深达1 000米。

等。注入的主要河流有木兰溪、晋江、九龙江、漳江等。河口处有小片三角洲平原，如莆仙平原、晋江平原、漳厦平原。海峡东侧的台湾岛西岸，多为沙岸，海岸平直，地势低缓，沙滩广布。多沙丘、潟湖，岸边水浅，少岛屿，少天然良港。陆地为冲积平原，河流纵横，较大的有大汉溪、大甲溪、肚溪、浊水溪、曾文溪、高屏溪等。平原上稻田遍布，人口稠密，交通发达。

澎湖列岛位于海峡南部偏东，由64个岛屿和许多礁石组成，为火山喷出熔岩凝结而成的玄武岩台地，最高海拔79米，以澎湖、白沙、渔翁三岛最大。

海峡属东海大陆架浅海，海底地形比较复杂。大部分水深小于80米，平均约60米。西北部较平坦，东南部坡度较大。东西两侧各有20米和50米水深的两级阶地。东侧阶地较窄，50米等深线距岸一般为10～20千米；西侧阶地向外延伸，宽度较大，50米等深线距岸达40～50千米，并在几处河口外有横切的峡谷。南口有台湾浅滩，与西南阶地相连，由900多个水下沙丘组成，呈椭圆形散布，东西长约140千米，南北宽约75千米，水深10～20米，最浅处为8.6米。滩上有急流，水文情况复杂。台湾岛台中以西有台中浅滩，与东部阶地相连，东西长100千米，南北宽15～18千米，最浅水深9.6米。两浅滩之间为澎湖列岛岩礁区，南北长约70千米，东西宽46千米，由许多岛礁组成。北部岛礁分布较集中，南部分散，水道较宽。

澎湖列岛和台湾岛之间为澎湖水道，澎湖水道为台湾岛西岸南北之间及台澎之间联系的必经通道。澎湖列岛南北两组岛屿之间尚有八罩水道，东西走向，宽约10千米，水深70余米，为通过澎湖列岛的常用水道。

海底底质：西部近岸除岬角、岛屿附近有粗砂、砾石和基岩外，主要为粉沙质黏土软泥；中部为细沙；东部，台湾岛南北端近岸有部分岩底；澎湖列岛附近主要为沙底，并有砾石和基岩出现；其他海域主要为细沙。

台湾海峡位于热带和亚热带过渡地区，属北热带、南亚热带季风气候。中部平均气温最高 28.1℃，最低 15.9℃。西北部受大陆影响，气温年差较大；东南部海面开阔，受海洋影响大，年差和日差较小。10 月至翌年 3 月多东北风，风力达 4~5 级，有时 6 级以上；5—9 月多西南风，风力 3 级左右；7—9 月多热带气旋，受热带风暴和台风影响每年平均 5~6 次，从中心通过年均 2 次。阴雨天气较多，但降水量少于两岸，年平均降水量 800~1 500 毫米。东北季风期和西南季风期雨量多，秋季较少。海峡中部雾日较少，澎湖列岛年均 3~4 天，两岸较多，东山岛、马祖列岛和高雄一带，每年超过 30 天，其余地区在 20 天以下。

受黑潮影响，海水水温较高。年平均表层水温 17~23℃，1—3 月最低，平均 12~22℃，7 月最高，平均 26~29℃。平均盐度 33‰，西北侧 30‰~31‰，东南侧 33‰~34‰。透明度东部大于西部，平均 3~15 米。

福建沿岸、澎湖列岛、台湾沿岸的海口泊地以北为正规半日潮，海口泊地以南为不正规半日潮。西部潮差大于东部。西部：金门岛以北为 4~6 米，向南显著减小；东部：中间大于两端，后龙港最大达 4.2 米，海口泊地和淡水港为 2.6 米，海口泊地以南为 0.6 米，澎湖列岛 1.2~2.2 米。后龙港至海坛岛一线以北，涨潮流流向西南，落潮流流向东北，流速 0.5~2 节；此线以南，流向相反，流速在澎湖列岛附近较大，东南部可达 3.5 节。

海峡地区风浪较大。在冬季寒潮和夏季热带气旋影响下，可形成 8~9 级浪。海流受北上的黑潮西分支和南海海流，以及南下的浙闽沿岸流控制，并受季风影响。夏季沿岸流停止南下，整个海峡为西南季风流和黑潮西分支结合的东北流，主要沿海峡东侧，可直接流入东海，流速一般为 0.6 节，澎湖水道达 2.3 节。冬季受东北季风影响的沿岸流南下，形成西部和中部 90 多千米宽的西南流，流速约 0.5 节。东部的东北流减弱，只能到达海峡之南。当东北风强劲时，表层流甚至改变为西南流，在南海形成一支左旋的环流。

台湾海峡资源丰富，自古为中国重要渔场之一。常见鱼类有三四百种，主要有赤鲷、旗鱼、鲔、鲨鱼、鱿、鲣、鲻、鳁、鳍、鲭、乌龟、

虱月鱼等。海藻也相当丰富，如石花菜、紫菜、龙须菜、鹧鸪（zhè
gū）菜、海苔、鸡冠菜等。台湾岛沿岸自古就是我国重要产盐区之一。
海峡东部的新第三系地层厚达 5 000 米以上，含油沉积盆地至少向海峡
延伸 35～55 千米，是很有希望的海底油气远景区。目前，台湾西部已
有 10 个油田钻探成功。此外，海峡底部还发现有磁铁矿、钛铁矿、金
红石、锆石、独居石等矿产。

台湾海峡不仅是我国大陆和台湾岛的航运纽带和我国东部、北部海
域与南海，并经南海通往印度洋的交通要道，也是历史上帝国主义侵略
我国的通道及我国反侵略的海防要地。16 世纪中叶，日本倭寇窜犯澎
湖、台湾，并以澎湖为据点不断向我东南沿海侵略，曾遭到抗倭名将戚
继光、俞大猷等部的打击，台湾平埔人也进行反抗。1601 年，福建都
司沈有容率战船打击侵犯闽、粤、台沿海的倭船，并于年底追击至台湾
西南海岸，全歼倭船 6 艘，救回被掳难民 370 余人。1661 年，郑成功
从金门岛料罗湾出发至澎湖，过澎湖水道、乘潮通过鹿耳门，入大员湾
登陆，收复台湾。1664—1665 年，施琅曾 3 次率船攻台，至 1683 年澎
湖海战中大败郑氏守军，恢复了对台湾的统一管辖。1840—1842 年鸦
片战争期间，英舰队不断侵犯海峡两岸的厦门、基隆等地；1884 年法国
舰队在马尾袭击中国舰艇，继而攻击台湾北部，并对台湾实施封锁，均
受到当地军民的反抗。1895 年中日甲午战争后期，日本侵占台湾。1950 年，
美国发动侵朝战争的同时，派第七舰队进入台湾海峡，开始实施对我国
的"岛屿锁链"封锁。为反抗美、蒋军事挑衅，我军进行了有力的反
击：1958 年进行了炮击金门之战；1965 年进行了"八六"海战和崇武以
东海战，取得了胜利。现在，台湾还未和祖国统一。海峡两岸的人民，
乃至世界华人密切关注海峡两岸的局势，热切盼望祖国早日统一。

台湾海峡地区港口较多，主要有以下港口。

福州，为福建最大港市，自古为海防要地，现为人民解放军海军基
地。港区主要在马尾，主要码头泊位 71 个，万吨级以上 19 个。明初郑
和下西洋时曾在长乐太平港停船候风出航。1886 年创办福州船政，成
为中国当时最大造船基地。1557—1560 年倭寇曾 4 次攻陷福州。1884 年
法军舰队入侵马尾港。1941 年、1944 年日军曾两次从闽江口入侵。

泉州，古代就是我国外贸港口，公元 8 世纪已成为中国四大商港之一，11 世纪成为当时"海上丝绸之路"的起点。肖厝港区是个深水港，主航道深 12～50 米，5 万吨级海轮可自由进出。已建成万吨级码头和 10 万吨级石油专用码头。

厦门，为海峡西岸最重要港口，历史上就是重要外贸口岸，也是扼控台湾海峡的海防要地。有 74 个码头泊位，其中万吨级以上泊位 11 个。

基隆，位于台湾岛北端，是扼控东海南部和台湾海峡的主要基地。基隆历为海防要地，是一个天然良港。主要泊位 58 个，其中深水泊位 37 个。现为重要的海军基地，是一个军、商、渔综合港口。

左营，位于台湾岛西南侧，是扼控澎湖水道、台湾海峡和巴士海峡的重要海军基地。可停泊驱逐舰以下中小型舰船。

高雄，是台湾第二大城市、最大海港和海防要地。为台湾岛南部与澎湖列岛、闽粤沿海联系的交通枢纽，也是扼控南海北部、台湾海峡的军事基地。共有主要泊位 95 个，其中万吨级以上 45 个。高雄是台湾最大的外贸进出港，港内的前镇、旗津、中洲为著名渔港。

马公，位于澎湖岛西部，是海峡两岸的中继港，扼控海峡的重要基地，是一个天然良港，可泊中型舰船约 20 艘。1938 年日军进攻广州时，就是从马公集结出发的，当时其舰船 200 余艘，载陆军 4 万人。现为台湾当局的海军基地，也是军、渔、商合用港。

11. 台东海峡　Taitung Haixia
——地理界尚未命名的海峡

对台湾岛东部与琉球群岛最西端与那国岛之间的这片水域，地理界尚未命名，航海界称为台东海峡。海峡几乎没有纵深，宽约 108 千米（台湾苏澳港北角至与那国岛西崎）。

西岸为我国台湾岛东岸。苏澳以北为平原海岸，有宜兰浊水溪注入。苏澳以南为山地海岸，岸壁陡峻，岸边陡深。东岸为与那国岛西岸，岸边有断崖，岛上山地多树木，岸边有珊瑚礁环绕。海底西浅东深。苏澳港附近及以北，20 米等深线离岸约 3 000 米。大陆架宽约 40 千米。在苏澳正东方 36～47 千米处有一浅于 200 米的浅区，最浅水深

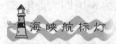

海峡航标灯

峡　名	台东海峡
位　置	台湾岛东北部与琉球群岛最西端的与那国岛之间
峡岸国	中国(台湾岛)、日本(与那国岛)
沟通海域	东海与太平洋
峡　宽	约108千米
水　深	西部最浅80米,东部500~1000米
气　候	亚热带海洋性气候
港　口	中国的苏奥港、基隆港、花莲港
军事基地	苏奥和基隆均为军、商、渔合用港

80米。东部水深一般为500~1000米。与那国岛西端,200米等深线离岛约4000米。底质有灰泥、白细沙、贝、珊瑚,接近与那国岛的地方有岩底。

该地属亚热带海洋性气候。年平均气温约20℃。冬季以北风和东北风为主,各约占30%。3—5月南风逐渐增多。夏季以南风为主,东南风、东风、东北风次之。7月南风占40%,6、8月南风占20%~30%,风力以1月最强,多为11~12级风,占36%。2—4月和10—12月以6~10级风为多,占40%~50%。5—9月以2~5级风为多,占50%左右。年降水量3000~5000毫米。年降水日超过200天,各月降水量都不少于100毫米。台风在此登陆或在附近频繁过境。

该海峡是我国东部和东北亚地区港口前往东南亚、南太平洋的重要通道,且适于各种舰船航行。附近主要港口有:苏澳港,是台湾省东北部重要港口,为军、商两用港,南部的南方澳是台湾第三大渔港;基隆港,位于北口外西侧,是台湾北方门户,海防要地,对外航运中心,既是台湾重要军、商港,又是重要渔港;花莲港,是一个人工港,为台湾第四大港、东岸最大港口,年货物吞吐量约500万吨。

12. 巴士海峡　Bashi Channel、巴林塘海峡　Balintang Channel、巴布延海峡　Babuyan Channel
——太平洋台风西进的主通道

巴士海峡、巴林塘海峡、巴布延海峡均位于中国台湾岛和菲律宾吕宋岛之间,沟通南海和太平洋(见图13)。海峡中间分布有巴坦群岛、巴林塘群岛、巴布延群岛。台湾岛南端鹅銮鼻和巴坦群岛之间为巴士海峡；巴坦群岛和巴布延群岛之间为巴林塘海峡；巴布延群岛和吕宋岛之间为巴布延海峡。三个海峡地区属热带海洋性气候。5—11月为台风季节，是太平洋台风西进的主要通道，对海峡地区及中国东南沿海影响很大。7—9月常有强台风，影响船舶航行。

海峡地区属太平洋西部岛弧——海沟构造带的组成部分，海底地形起伏很大。

巴士海峡呈东西走向，一般宽185千米。北侧为中国领土台湾岛及其南端附近的兰屿、小兰屿等岛屿，南侧为菲律宾领土巴坦群岛。兰屿和巴坦群岛最北端的阿米阿南岛之间的距离为94.5千米，是该海峡的最狭窄处。鹅銮鼻以南16千米处有七星岩（高8.4米），台湾岛南端及七星岩附近大陆架宽仅20千米，兰屿周围则不足10千米。南部巴坦群岛的大陆架更窄，仅5~10千米。大陆架外主要为大陆坡区域，一般水深1 000~3 000米。但有几个浅

海峡航标灯

峡　名	巴士海峡、巴林塘海峡、巴布延海峡
位　置	中国台湾岛与菲律宾吕宋岛之间
峡岸国	中国、菲律宾
沟通海域	南海与太平洋
峡　宽	巴士海峡185千米，巴林塘海峡78千米，巴布延海峡西口28千米、东口38千米
水　深	巴士海峡1 000~3 000米，巴林塘海峡700~2 000米，巴布延海峡200~1 000米
气　候	高温多雨，雷暴频繁
交　通	主要航线：雅加达、新加坡、马尼拉—东北亚、香港、广州—夏威夷、美洲、大洋洲

区：小兰屿南方24千米处的高台石为一个2.7米深的暗礁，附近水深不足200米；高台石南方18千米处有一浅于200米的浅水区，最浅水深仅10米；七星岩四周的水深也不足200米；七星岩南偏西32千米处有一个15.8米的暗礁；七星岩南方60千米附近有16.4米和25米的浅水区。最深处在海峡中部，深达5 126米。海底多为泥、沙底，以粉沙质为主，部分为岩底、沙贝底。在这三条海峡中，巴士海峡最宽阔、最深，可通行各种舰船，更适合潜艇潜航，是三个海峡中最重要的通道。

巴坦群岛位于巴士海峡南侧，由伊特巴亚特岛、巴坦岛、萨布唐岛3个大岛、7个小岛和一些小岩礁组成，呈南北方向延伸，坐落在长80千米的海底隆起上。大岛较高，都是火山岛；小岛较低，为珊瑚岛。200米等深线离岛只有5 000米左右，各岛间水深一般为200~1 000米，

障碍物也较少，但潮流复杂，海流很强，不便航行。

巴林塘海峡北部为巴坦群岛，南部为巴布延群岛，中部偏东有巴林塘群岛，海峡以此得名。海峡最窄处在巴坦群岛南端的萨布唐岛和巴布延岛之间，约78千米。萨布唐岛、巴林塘群岛、巴布延岛周围的大陆架宽仅2 000～7 000米。海峡南侧巴布延群岛中的最大岛屿——加拉鄢岛的东北端巴坦角向北偏西延伸有一条浅于200米的海底浅滩，叫加拉鄢浅滩。浅滩南端有两个露头，是巴努伊丹岛和怀尔利岩。浅滩中部最浅水深10.9米。萨布唐岛、巴林塘群岛、加拉鄢浅滩之间的海峡中部尚有65米、155米的海山。其余海域多深于200米，一般水深为700～2 000米。东、西两口以外水深均在3 000米以上。

巴布延群岛在巴林塘群岛以南，由加拉鄢岛、甘米银岛、富加岛、达卢皮里岛、巴布延岛等5个大岛、6个小岛和一些岩礁组成。各岛间都有较宽水道，障碍物也不多，可供大船航行。但水文状况比较复杂，潮流多变，海流较强，且多急流、漩涡，对航行不利。

巴布延海峡在巴布延群岛和吕宋岛之间，是三个海峡中最狭窄的一个。西口富加岛和吕宋岛之间的最短距离仅28千米，东口甘米银岛和吕宋岛东北端的帕拉维岛之间的距离为38千米。但北岸大陆架宽度不足5 000米，南岸宽也只有5～13千米。中部一般水深深达200～1 000米，且没有障碍物，助航设备也较完善，有利于各种舰船航行。

海峡地区高温多雨，雷暴频繁。冬季盛行东北风，风力多为5～6级，夏季多为南风和西南风，风力较弱。平均气温27℃，年较差小。年降水量2 000毫米，6—10月为雨季。平均表层水温27.8℃，冬季为24～26℃，夏季为29℃。盐度33‰～34.8‰。透明度20～30米。潮汐为不正规半日潮，最大潮差约2米。涨潮流流向西，落潮流流向东，流速0.5～3节。岛屿附近潮流复杂，且常有涡流，最大流速5.5节。主要海流为台湾暖流，自东向西流入海峡，再流入南海和台湾海峡，流速1～3节，夏季强，冬季弱。海浪冬季大，多东北浪，平均波高2米，最大7～9.5米。夏季除台风期外，浪较小，多西南、南、东南浪，平均波高1.5米，最大可达7米。

整个海峡地区渔业资源丰富，盛产旗、鲔、鳝、鳟等鱼类。

巴士海峡为多条国际航线的通道。主要有：雅加达、新加坡、马尼拉—东北亚，香港、广州—夏威夷、美洲、大洋洲等。它还是美国第七舰队和俄罗斯太平洋舰队去印度洋的重要航道。战时，更是舰艇调动的常用航道。1904—1905年日俄战争期间，俄国的第二太平洋分舰队就是从波罗的海经非洲西岸、印度洋、马六甲海峡，过巴士海峡到日本的。第二次世界大战期间，1941年12月，日本以台湾为前进基地，经该海峡在巴坦岛、吕宋岛登陆，侵占菲律宾。日本还曾经过该海峡占领香港，进军泰国、马来西亚和印度尼西亚等地。

13. 琼州海峡　Qiongzhou Haixia
——中国的内海海峡

琼州海峡位于南海西北部雷州半岛和海南岛之间，略呈东西走向（见图14）。长约94千米，平均宽约30千米。最窄处在海口港西侧岬角和海安湾两侧岬角之间，宽19.4千米，最宽处达39.6千米，面积约2 370平方千米。由于最大宽度小于24海里，因此整个海峡为我国内海海峡。

图14　琼州海峡

地质时期，海南岛曾与大陆连成一体。第三纪中新世开始火山喷发，第四纪更新世喷发达到高潮。随着全球冰期和间冰期，海面也多次升降。第四纪初期，新构造运动使地壳急剧上升，琼州海峡由地堑式断陷形成。地壳运动和海蚀作用的结果，反映在现代地貌上，两岸由玄武岩组成的岬角和碎屑物质堆积成的平坦海湾交替排列。北岸从东到西有博赊角、排尾角、屿角、灯楼角、红坎湾、海安湾、角尾湾；南岸从东

海峡

海峡航标灯

峡 名	琼州海峡
位 置	中国雷州半岛与海南岛之间
峡岸国	中国
沟通海域	北部湾与南海东北部
峡 长	约94千米
峡 宽	平均30千米
水 深	平均44米,最深120米
气 候	北热带季风气候
资 源	海盐,马鲛鱼、红鱼、黄花鱼、鲨鱼、鱿鱼、墨鱼、鳕鱼、大龙虾、海参、麒麟菜和珍珠
交 通	北部湾沿岸各港来往于粤、闽、台等地的主要通道
港 口	海口、海安

到西有海南角、铺前角、白沙角、澄迈角、玉包角、道仓角、临高角,铺前湾、海口港、澄迈湾、马袅湾、博铺港等。北岸广布玄武岩台地,有的台地直接临海,构成陡崖。南岸为熔岩台地海岸,亦有海崖。注入河流较多,入海河流均较短小,其中最大的是海南岛第一大河南渡江(长313千米),在海口湾东侧入海峡,河口形成沙洲、沙岛构成的扇形三角洲。

海峡平均水深44米,最深达120米。海底地形:从两岸向中间渐倾,形成中轴线上的一个狭长矩形盆地,内有明显的隆起和洼陷断续分布,中部有80~100米,最深119米的深槽,东西两端略高,深度变浅。西口向平坦的北部湾过渡,水深约20米。因断面开阔,水流减速,泥沙沉积,从而形成海底沙洲,由数条指状水下沙脊向西、西北呈辐射状伸展,宽约50千米。

东口为一片地形复杂的浅滩过渡到南海北部大陆架,水深约30米。底质多碎石、沙砾和中、粗沙,呈平行于海岸的带状分布,局部有基岩露出,是中国大陆架海底地形最复杂的区域之一。

海峡位于北纬20°~20°15′之间,属北热带季风气候。受大陆影响大,年平均气温23.6℃。最冷月(1月)17℃,三冬无雪,四季常青;最热月(7月)28.4℃。年平均降水量1 400~1 700毫米,自西向东递减。夏季盛行偏南风,频率达60%;冬季盛行东北风,频率在65%以上。平均风速:11月最大为5级,5月最小,3级左右。夏季多雷暴,常出现8级以上阵风。5—10月受热带风暴和台风侵袭,以7—9月最盛。西风路经的强热带风暴和台风常贯穿海峡而进入北部湾。其他季节一般风浪较小,特别是3、4月份,常常晴空万里。海峡地区为多雾区,集中在1—4月,年平均雾日约18~30天,东口较多。冬季时有迷蒙细雨,能见度较低。年平均表层水温25.1℃,2月为20℃左右,8月为

30℃。平均表层盐度 29.14‰。海水较混浊，各季透明度均小于 5 米。两侧近岸海水呈黄绿色，中部为绿色。潮汐属日潮和不正规半日潮，平均潮差 1 米，最大 1.8 米。潮流强，灯楼角和海南角附近达 5~7 米。海流由东向西，流速约 3 节。从东口粤西海区经海峡流入北部湾的海水约为 2 090 立方千米，占全年海水交换量的 92%，而相反方向的交换量只占 8%。

海峡北侧的雷州半岛是我国大陆的最南端，最南的徐闻县盛产蔗糖和香茅草，人们称其为"又香又甜"的县城。南岸的海南岛是我国最大的特区，经济发展迅速。它又是地处热带的宝岛，一派旖旎风光，五公祠、东坡书院、海瑞墓等大批人文古迹，使海南岛成为我国越来越热的旅游胜地。海峡南北两岸分布有铺前湾盐场、马袅盐场和徐闻盐场。这里的海域是丰产的渔场，盛产马鲛鱼、红鱼、黄花鱼、鲨鱼、鱿鱼、墨鱼、鲔鱼、大龙虾、海参、麒麟菜和珍珠。

琼州海峡为军事要地。抗日战争时，日军曾布设水雷。1939 年 2 月，日军一部以战车 10 辆、舰艇 30 余艘从涠洲岛出发，经海峡至澄迈湾天尾港登陆，占领海口—琼山等地。1950 年 3—4 月，中国人民解放军集结于雷州半岛，横渡海峡，解放了海南岛。

琼州海峡为大陆到海南岛的必经之路，也是北部湾沿岸港口来往于粤、闽、台等地的主要通道，交通意义重大。海峡西口航道宽阔，少障碍物，适于航行。东口地形复杂，多浅滩，分割成中水道、外罗水道、北水道和南水道 4 条水道。中水道水深 10 米，助航设备齐全，为主航道，舰船可昼夜出入。外罗水道北依雷州半岛，水深约 4 米，是中小型舰船来往于湛江和海口之间的近岸隐蔽航道。北水道和南水道两侧多浅滩，潮流复杂，通行较困难。但各航道的水雷已排除，现均可通航。沿岸主要港口有：海口，海南省省会，海南岛最主要港口之一，年货物吞吐量 6543 万吨（2013 年），集装箱年吞吐量 140 万标箱（2016 年）；海安，在雷州半岛南岸，是从大陆到海南岛的水陆交通港。海安和海口之间原有汽车轮渡和班船来往。2002 年年底海安—海口的火车轮渡开通，粤海铁路也随之正式通车。至此，琼州海峡的陆路"天堑变通途"。

14. 民都洛海峡　Mindoro Strait
——日本"二战"期间调兵遣将的常用航道

民都洛海峡是南海通往苏禄海、苏拉威西海，以及吕宋岛西岸各港通往米沙鄢群岛和棉兰老岛的重要水道。

海峡中部有阿波岛、阿波岩及其中间的珊瑚礁——巴霍群礁，将海峡分为东、西两部分，东部称阿波东水道，西部称阿波西水道。东水道宽约15海里，水深200~1 200米，且障碍物较少，有利于航行。在东北季风期，东水道是来往于马尼拉和米沙鄢群岛、棉兰老岛各港的常用

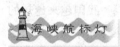

峡　名	民都洛海峡
位　置	菲律宾群岛西侧，民都洛岛与卡拉棉群岛之间
峡岸国	菲律宾
沟通海域	南海与苏禄海
峡　宽	28千米
水　深	200~1 200米
气　候	热带季风气候

航道；西水道宽约18海里，水道中有梅罗贝岩和杭特岩等障碍物及少数浅滩，靠东侧一般水深也有200~1 200米，西侧近卡拉棉群岛水深不足200米。西水道是马尼拉通往巴拉望岛北部各港的常用水道。海峡南部有安布隆浅滩（5.4米）、萨拉塞诺浅滩（27米）、累奥尼达斯浅滩（14.6米）、甘巴尔礁（9.6米）、弗兰黑浅滩（5米）等碍航物，但浅滩之间深度都在200米以上，所以可以通航。

海峡区域属热带季风气候。潮汐属全日潮，涨潮流流向东南，落潮流流向西北。

海峡东部靠近民都洛岛有伊林岛和安布隆岛。民都洛岛与伊林岛之间的伊林海峡宽0.3海里，水深12.8~31米；伊林岛和安布隆岛之间的安布隆水道宽1.3海里，水深16米以上，也都可以通航。民都洛岛和伊林岛之间北部的曼嘎林湾及南部的潘达罗强湾都是良好的避风锚地。

海峡附近没较大的港口，一般只供来往船只通行。主要港湾有栋翁湾、曼嘎林湾和潘达罗强湾等。该海峡在战争年代也是军舰常用航道。第二次世界大战期间，在菲律宾海战中，日本从本土调往苏里高海峡的3艘巡洋舰和7艘驱逐舰，从文莱调往锡布延海、萨马岛的5艘战列舰以及12艘巡洋舰和15艘驱逐舰都是经过该海峡前往的。

15. 巴拉巴克海峡 Balabac Strait
——航路复杂的通道

巴拉巴克海峡西连南海,东接苏禄海。由于苏禄海东连保和海,出苏里高海峡通太平洋,因此,巴拉巴克海峡是南海南部出太平洋的重要通道,也是菲律宾群岛南部各港西去南海的必经之路,但它是一条航路复杂的通道。

海峡航标灯	
峡 名	巴拉巴克海峡
位 置	马来群岛,巴拉望岛与加里曼丹岛之间
峡 岸 国	菲律宾(巴拉望岛)、马来西亚(加里曼丹岛)
沟通海域	南海与苏禄海
峡 宽	48千米
水 深	中部20~100米,西口30~200米
交 通	菲律宾南部各港前往南海的必经之路,但航道复杂

该海峡航路复杂的原因之一是附近岛屿众多。巴拉望岛南部自北向南有潘达南岛、布格苏克岛、曼塔古勒岛、班卡兰岛、巴拉巴克岛等岛屿;加里曼丹岛北部则有邦吉岛、巴兰邦岸岛等岛屿。所以,实际上巴拉巴克海峡的主要海域是在邦吉岛、巴兰邦岸岛和巴拉巴克岛之间。巴兰邦岸岛北端的锡亚古角和巴拉巴克岛南端的梅尔维尔角之间宽约 48 千米。

该海峡航路复杂的原因之二是海底地形复杂。海底地形的总趋势是南浅北深。南岸 20 米等深线离岸有 8 000 米,北岸离岛 5 000 米处深度已达 100 多米。中部水深在 20~100 米之间,除岸边有珊瑚礁外,中部无岛礁和浅滩。海峡西口海底平坦,无岛礁,水深 30~200 米,适于航行。海峡东部海底地形十分复杂。邦吉岛北部分布有广阔的珊瑚礁滩,再向北,自南向北还分布有大曼格锡礁、曼西浅滩、大险滩、隆布坎险滩、腊夫顿岛和纳苏巴塔群岛,将海峡分割成多条水道。自南向北有马因海峡、曼西海峡、中水道、锡马纳汉水道、隆布坎水道、纳苏巴塔水道和北水道。

该海峡航路复杂的原因之三是附近有水雷危险区。邦吉岛至曼西险滩约 500 平方千米范围内,在战争时期布设过水雷,还未完全扫除,是水雷危险区,因此,南侧的马因海峡和曼西海峡大船不宜通行;从西南方经过巴拉巴克海峡的小船在东北季风期间则是常用水道,但需严格按推荐航法航行。位于隆布坎险滩北侧科米兰岛与纳苏巴塔群岛之间的纳苏巴塔水道，深45米以上，是该海峡的主要航道。但与海流汇合成的潮流流速较大，影响船舶航行。纳苏巴塔群岛以北的北水道也是可航水道。水深大于100米。在强季风期，潮流与海流汇合的流速相当大，影响航行。该水道东口直通苏禄海，西口则分成两条水道，向南沿巴拉巴克岛东岸至巴拉巴克海峡主水道，向西北则为北巴拉巴克海峡和巴特水道。

海峡沿岸没有较大港口，主要用于商船过往航行。尽管航路复杂，但在战争年代也用于调动军舰，如在第二次世界大战的菲律宾海战期间，日本来自文莱的2艘战列舰、1艘巡洋舰和4艘驱逐舰就是通过该海峡前往苏里高海峡的。

16. 苏里高海峡 Surigao Strait
——因海战而闻名的海峡

苏里高海峡在第二次世界大战中是菲律宾海战的重要战场，因而闻名于世。

海峡位于菲律宾群岛东部，棉兰老岛东北端比拉角以北。东岸为迪纳加特岛，西岸为莱特岛和巴拿旺岛，北侧是萨马岛以南的莱特湾。西北经莱特湾西北端的圣胡瓦尼戈海峡通萨马海，西南连保和海，东南经希纳图安水道和迪纳加特海峡通太平洋，东北口在迪纳加特岛和霍蒙洪岛之间，直接连太平洋。该海峡是除圣贝纳迪诺海峡以外，菲律宾各内海的大船通往太平洋的唯一航路。

海峡略呈南北走向，两岸的棉兰老岛、迪纳加特岛和莱特岛、巴拿旺岛，都是多山岛屿，海岸陡峭、曲折多湾、岸边陡深。棉兰老岛和迪纳加特岛岸边多小岛。海峡中部仅靠北有希布格岛，其余部位无岛礁，但几处深于18米的水下有沉船。海峡水深从北至南由30米递增至1 000余米，东岸

海峡航标灯	
峡 名	苏里高海峡
位 置	菲律宾群岛东部,迪纳加特岛与莱特岛和巴拿旺岛之间
峡岸国	菲律宾
沟通海域	西北通萨马海,西南接保和海,东北连太平洋
峡 长	约100千米
峡 宽	20~45千米
水 深	30~1 000余米
气 候	热带海洋性气候
港 口	苏里高港

附近约 50 米，西南部巴拿旺岛附近达 1 300 余米，是一个利于大船航行的深水航道。

海峡属热带海洋性气候。3—4 月多东风或东北、东南风，日落时风弱，日出时风强。11 月有较多的台风经过，2—4 月最少。北赤道暖流的支流自东部进入海峡，流速 0.5～1 节。潮流：东北口涨潮流流向西，最大流速达 6 节，落潮流流向东；希布格岛以南涨潮流流向南，落潮流流向北；南口涨潮流流向西南，落潮流流向西北。

海峡内有德汉甘湾、拉耀安湾等众多良好的锚地。主要港口有苏里高港，该港位于棉兰老岛东北端，是菲律宾苏里高省的省会，棉兰老岛东北部的贸易中心，附近最重要的港口。

该海峡在第二次世界大战期间的菲律宾海战中曾是重要战场。1944 年 10 月的苏里高海峡海战中，日本海军从马尼拉、文莱、马公调动近 50 艘军舰前往苏里高海峡，在北口受到美军飞机和 39 艘鱼雷艇的阻击，在南口受到美军 6 艘战列舰、8 艘巡洋舰和 21 艘驱逐舰的阻击。经过激烈战斗，日军几乎全军覆没，几艘受伤的战舰撤出战斗。此战为整个菲律宾海战的胜利发挥了重要作用，为美军占领菲律宾奠定了基础。

17. 马鲁古海峡 Selat Maluku
——西方殖民者掠夺香料的通道

马鲁古海峡位于印度尼西亚东北部，苏拉威西岛和马鲁古群岛之间。马鲁古群岛盛产香料，有"香料群岛"之称。早在 16 世纪初，葡萄牙、西班牙殖民者就相继侵入该地区，掠夺香料等产品，海峡成为其掠夺香料的通道。

海峡略呈西南—东北方向。东南岸是马鲁古群岛中的哈马黑拉岛、莫罗泰岛，西北侧是苏拉威西岛米纳哈萨半岛的东南岸、桑义赫群岛、塔劳群岛和纳努萨群岛。东北以塔劳群岛主岛卡拉克隆岛北端与莫罗泰岛北端连线接太平洋。南至苏拉威西

海峡航标灯	
峡 名	马鲁古海峡
位 置	苏拉威西岛与马鲁古群岛之间
峡岸国	印度尼西亚
水 深	1 000 米以上
气 候	终年高温多雨
港 口	万鸦老

岛与哈马黑拉岛之间的马亚岛和蒂福雷岛，南连马鲁古海。

海峡东北口北侧的纳努萨群岛的多数岛上多丘陵，主岛默兰皮特岛高 164.3 米，岸边有一些岩礁。纳努萨群岛西南 37 千米处是塔劳群岛，主岛卡拉克隆岛高 679.4 米。各岛多数岸段陡峻，岸外礁滩狭窄，岸坡陡深，也有少数可登陆的沙岸。塔劳群岛西南方 120 千米处是桑义赫群岛。各岛山多林密，主岛桑义赫岛上有一座 358.2 米高的活火山，常发生地震。该岛多岩岸，也有低地、沼泽地。桑义赫群岛以南是苏拉威西岛的米纳哈萨半岛的东端。半岛上多山地，山间多椰树，岸外多珊瑚岛礁。半岛东头西岸的万鸦老是印度尼西亚北苏拉威西省首府、商业中心、印度尼西亚东部地区第二大港。其输出肉桂、豆蔻、椰子、咖啡、乌檀木等，还是一个避暑胜地。

海峡东部是马鲁古群岛中最大的岛屿——哈马黑拉岛。该岛由四个半岛组成。半岛夹峙的三个深长海湾在岛的东侧。岛上多山，海拔900～1 500米，有活火山。沿海多珊瑚礁，岛上盛产热带经济作物，富镍矿。

海域各岛岸边分布有珊瑚礁滩，但 200 米等深线离岸较近，一般深度在 1 000 米以上。海峡东北部水深大于 2 000 米。

地处赤道地区，属热带雨林气候。终年高温多雨，湿度大，风力小。温度年较差小，季节不明显。月平均气温 26～29℃。年平均降水量 2 000 毫米以上。海面平均温度 27～28℃。潮流很弱。海流 1 月自西向东，其余月份自西南向东北，流速 1～1.5 节。

马鲁古海峡是印度尼西亚各岛间海东出太平洋的重要通道，也是西太平洋到澳大利亚西部的通道之一，具有重要的交通价值。沿岸港口除万鸦老为大港之外，较小的尚有桑义赫岛上的塔胡纳、哈马黑拉岛西岸的特尔纳特等。

18. 望加锡海峡 Selat Macassar
——位于赤道上的海峡

望加锡海峡位于大巽他群岛中加里曼丹岛和苏拉威西岛之间（见图15）。北口以加里曼丹岛的芒卡利哈角与苏拉威西岛的阿鲁斯角连线为界，连苏拉威西海，过苏拉威西海向东通太平洋，向西北通苏禄海和南

海。南口以苏拉威西岛的莱康角
和劳特岛的拉亚角连线为界，接
爪哇海，东南侧为弗洛勒斯海。
经爪哇海再过巽他海峡、龙目海
峡等海峡通印度洋。该海峡是太
平洋西部与印度洋东北部之间的
重要海上通道，为1986年美国海
军宣布要控制的全球16个海上航
运咽喉之一。

　　海峡略呈南北延伸，西岸加
里曼丹岛海岸曲折低平，多沼泽，
大部岸段可登陆，岸边多小海湾；
东岸苏拉威西岛南北两段地势较
高，多陡岸，中段有沼泽，不便
于登陆。

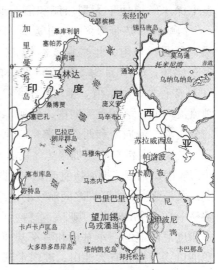

图15　望加锡海峡

　　海峡北段（南纬2°以北）海底地形比较简单，西岸大陆架宽有
20～80千米，东岸不足10千米，海域
多深于1000米，最深达2953米，北
口外迅速下降至5000米的海盆区。除河
口有一些岛屿、岸边有一些礁石外，中
部无岛礁。海峡南段地形比较复杂。中
部有大面积的巴拉巴朗岸群岛的珊瑚岛
礁区，遍布珊瑚岛礁，岛礁间水深不足
60米，航行十分危险。从西岸向东延
伸，直逼东岸外50千米附近。向南延伸
还有散伯格拉普群岛等众多的岛屿，南
口附近还有马萨利马群岛、斯伯尔门特
群岛等岛屿和浅滩。西侧大陆架宽达
90～230千米。东岸大陆架宽约10～70
千米。南段深水区靠近东侧，一般深于
1000米。南口附近较浅，但也深于200米。

海峡航标灯

峡　　名	望加锡海峡
位　　置	加里曼丹岛与苏拉威西岛之间
峡岸国	印度尼西亚
峡　　长	710千米
峡　　宽	120～398千米
水　　深	多深于1000米，最深2953米
气　　候	热带海洋性气候
港　　口	望加锡（乌戎潘当）、巴里巴板和栋加拉
军事基地	望加锡海空军基地，巴厘巴板空军基地

整个深水航道便于大型船舶和潜艇通航。

海峡位于热带海区，赤道从北口以南通过。属热带海洋性气候，高温、高湿、多雨，年平均气温约 27～29℃。1 月常有狂西风，4—6 月多东北风，6—9 月为季风盛行期，多西南风。7—9 月为干季，4 月和 11 月常有大风和雷雨。年均降水量 2 500 毫米以上。潮汐属半日潮，涨潮流流向北，落潮流流向南，流速 1.5～2.5 节。海流为太平洋北赤道流的分支流，流向南和西南偏南，流速 0.5～2 节。透明度 30～50 米。

两岸主要港口有望加锡（乌戎潘当）、巴厘巴板和栋加拉。望加锡位于海峡南口东侧，扼海峡航道要冲，既是印度尼西亚国内各重要航线的中点，又是亚洲和大洋洲之间航线的枢纽，还是印度尼西亚东部最大港口和贸易中心，输出椰干、咖啡、香料、乌木和橡胶等，还建有国际机场，也是印度尼西亚的空军基地和海军基地。巴厘巴板是印度尼西亚的石油城和港口，其东北有大油田，港内水深，可泊大型船舶，有空军基地。

第二次世界大战期间，美荷联军于 1942 年 1 月在该海峡与日军进行过望加锡海战。1960 年春，美国大型核动力潜艇"海神"号作水下环球航行，曾通过该海峡。美、俄的战略导弹潜艇来往于太平洋和印度洋也常用此航道。日美的大型油船常由此海峡通过，该海峡是马六甲海峡的理想替代航道。

19. 卡里马塔海峡　Selat Karimata
——终年炎热多雨的海峡

海峡航标灯	
峡　名	卡里马塔海峡
位　置	马来群岛，加里曼丹岛与勿里洞岛之间
峡岸国	印度尼西亚
沟通海域	南海、纳土纳海与爪哇海
峡　宽	约 200 千米
气　候	终年炎热多雨

卡里马塔海峡北接纳土纳海、南海，南连爪哇海。此海峡是南海南部出巽他海峡至印度洋，印度尼西亚各岛间海至新加坡、马六甲海峡的常用航道，具有较重要的交通价值。

海峡地处赤道附近，终年炎热多雨。5—10 月为东南季风期，4 月和 11 月风力较弱，11 月至翌年 3 月为西北季风期，1 月之后风力增大，11、12 月常有暴风。1、2 月有中涌。潮汐为日潮型，潮流流速不大。海流流速东南季风期为 0.5 节，西北季风期为 1 节。在海峡水道中可达 3 节。

海峡东侧是世界第三大岛——加里曼丹岛的西岸。海岸低平，沿岸有大面积的沼泽地，人口稀疏，缺乏城镇，有卡普阿斯河等河流注入。岸上森林茂密，岸外多岛屿、浅滩。卡普阿斯河口的坤甸（庞提纳克）是附近最大港口、印度尼西亚西加里曼丹省首府、加里曼丹岛西部地区的物资集散地和交通枢纽。海峡西侧的勿里洞岛大部为低地，岛上富热带森林，有大锡矿。岛外珊瑚礁环绕，且分布广阔，向东北延伸约 45 海里，向东南延伸约 65 海里。沿海产海参。海峡北部东侧有卡里马塔群岛，海峡以此命名。其中主岛卡里马塔岛主峰高 1 030 米，山势险峻，常有云雾缭绕，而晴天 48 海里处便清晰可见。海峡中部有温达里沃礁、卡塞林礁、曼潘戈浅滩等碍航物。主航道在这些礁滩连线以东。

海峡北侧、东侧、西侧多礁石、浅滩等碍航物，但助航设备比较完善，按海图和航路指南航行，大船可安全往来。

20. 柔佛海峡 Selat Johor
——全线不贯通的海峡

柔佛海峡，马来西亚又称塔布罗海峡，位于马来半岛与新加坡岛之间。中段和东段略呈东西走向，西段呈东北—西南走向。中、西段宽 1.2～2.2 千米。西段最窄处约 400 米，西口宽 3.2 千米。东段宽 1.2～4.8 千米。东段中间有德光岛、乌敏岛等 10 余个岛屿（属新加坡）将海峡分隔成南北两水道。东西口均通新加坡海峡，全长 50 千米。

海峡两侧均为平原海岸。注入的较大河流有北岸的柔佛河在德光岛以北入海峡。北岸入海峡的还有士姑来河，南岸有实里达河等小河入海峡。岸边有宽窄不等

海峡航标灯

峡　名	柔佛海峡
位　置	马来半岛与新加坡岛之间
峡岸国	马来西亚、新加坡
峡　长	50 千米
峡　宽	中、西段 1.2～2.2 千米，西段最窄处 400 米，东段 1.2～4.8 千米
水　深	中部 10 米，中、西段转折处 9 米，东口 25 米
气　候	全年高温多雨
港　口	马来西亚的新山（柔佛巴鲁），新加坡的林厝港、森巴旺、榜鹅
军事基地	新加坡的樟宜

的滩涂。中部最大深度大于 10 米，中、西段转折处较浅，也在 9 米以上。东口附近最深，达 25 米。但口外有柔佛浅滩与新加坡海峡相隔。

海峡地处北纬 1°20′ ~ 1°30′ 之间的赤道地带，全年高温多雨。1 月平均气温 25℃，7 月 27℃。12 月至翌年 3 月为东北季风期，5—9 月为西南季风期。年平均降水量 2 420 毫米，多阵雨。

海峡可通中小型船只，但不能全线贯通。两岸的重要港市有马来西亚的新山（柔佛巴鲁），为柔佛州的首府，长期以来是马来西亚的外贸港。南岸有新加坡的林厝港、森巴旺、榜鹅等小港。东口的樟宜有著名的新加坡国际机场，也是新加坡的重要海军基地。

海峡邻近世界著名大港新加坡港，位于经济比较发达的地区。但因南近新加坡海峡和马六甲海峡，中间又有长堤阻隔，不能全线贯通，所以航运价值不大，只供沿岸小港进出使用。

21. 托雷斯海峡 Torres Strait
——西班牙航海家托雷斯首先到达的海峡

图 16 托雷斯海峡

托雷斯海峡位于澳大利亚大陆约克角半岛与新几内亚岛南岸（巴布亚新几内亚南岸西段）之间（见图 16），因 1606 年西班牙航海家托雷斯首先到达这里而得名。

海峡东连珊瑚海，西接阿拉弗拉海，西南临卡奔塔利亚湾。南岸因位于约克角半岛尖端部位，临海峡岸线很短，使海峡纵深比较狭窄。从约克角到北岸的最狭窄处其宽度仅 128 千米。

海峡形成于第三纪末。由于新构造运动，新几内亚岛中部隆起，托雷斯海峡陷落，海水上升使新几内亚岛和澳大利亚大陆分离。

托雷斯海峡和西侧的阿拉弗拉海位于同一个宽阔的大陆架上。海峡海底地形极其复杂，多岛屿礁石。较大的岛屿靠近南侧，主要有威尔士王子岛、星期四岛、莫阿岛、巴杜岛、布比岛、三姐妹岛等。西部岛屿地势较高，多岩石，较荒凉；中部多珊瑚岛；东部为火山岛。北岸附近有赛巴伊岛和博伊古岛。海底南浅北深，平均水深虽 50 米左右，但遍布珊瑚岛礁，峡口东侧还有大堡礁的北段纵列，给通航带来困难。

南纬 10° 纬线从海峡中部通过，属热带海洋性气候。3—10 月多偏东风，12 月至翌年 2 月多偏西北风，11 月至翌年 6 月为雨季。水温：1 月约 27℃，7 月约 21℃。潮汐属半日潮。盐度和透明度均较高。

海峡北岸新几内亚岛上，栖息着世界重点保护的鸟类——极乐鸟。海峡中产珍珠、海参和大鳌虾等。

海峡中虽然浅而多岛礁，但助航设备较完善，船舶通过曲折的窄水道可迂回航行。此海峡仍是澳大利亚东岸、新西兰、南太平洋诸岛与东南亚、北印度洋地区之间的海上交通要道。中国与大洋洲各国之间的海上交往也多经过此海峡。

海峡航标灯

峡　名	托雷斯海峡
位　置	澳大利亚约克角半岛与新几内亚岛之间
峡岸国	澳大利亚、巴布亚新几内亚
沟通海域	阿拉弗拉海与珊瑚海
峡　宽	最窄处128千米
水　深	平均50米，多礁石
气　候	热带海洋性气候
交　通	南太平洋与东南亚、北印度洋之间的交通要道

● 极乐鸟

多数雄鸟有特殊的饰羽和色彩鲜艳的羽毛，是巴布亚新几内亚的国鸟。

22. 库克海峡　Cook Strait
——新西兰的海陆交通枢纽

库克海峡是新西兰和南岛之间的水道（见图 17）。西方殖民者到来之前，当地毛利人称这个海峡为"劳卡瓦"。1642 年荷兰航海家塔斯曼发现新西兰，曾在南岛西岸登陆，但未发现海峡。他到过南岛北端、海峡西侧的海湾，即塔斯曼湾。此海峡是英国航海家詹姆斯·库克发现的。他为了寻找"南方大陆"进行了三次大规模的航海探险活动。在第一次航海探险中，他于 1769 年到达新西兰的北岛，并在环岛测量时发现两岛间的海峡，海峡因此得名。

海峡长 205 千米。可分成南北两段：北段略呈东北—西南走向，西

图 17　库克海峡

岸为峡湾海岸，异常曲折，多深长海湾和岛屿；南段略呈西北—东南走向。北段东岸和南段两岸为平直的山地海岸，多峭壁悬崖，岸边少岛屿。两段的转折处在北岛西南角以西，最狭窄处仅 23 千米。北口最宽处宽约 145 千米。北口面向塔斯曼海，南口面向太平洋。

海峡航标灯

峡	名	库克海峡
位	置	新西兰北岛和南岛之间
峡岸国		新西兰
沟通海域		塔斯曼海和南太平洋
峡	长	205 千米
峡	宽	北口 145 千米，最窄处 23 千米
水	深	平均 128 米
气	候	温和湿润
交	通	新西兰北岛与南岛之间的纽带，为新西兰的交通枢纽
港	口	惠灵顿

海峡位于两岛间的大陆架上，深度浅于 200 米，平均深度 128 米。航道水深，少障碍物。气候温和湿润，年平均气温 12℃。最冷月（7 月）平均气温 8℃，最热月（1 月）平均气温 17℃，年平均降水量约 1 200 毫米，各月变化不大。但地处南纬 41°～42° 的西风带，终年西风呼啸，波浪汹涌，影响航行。

海峡东岸、北岛南端西角有惠灵顿港。惠灵顿是新西兰首都、全国第二大城市、第二大港口，输出肉类、乳酪制品、羊毛、皮革等畜产品和木材、纸张，输入机器、汽车、石油、煤等。有铁路、公路通向北岛各地，与南岛北端的布莱尼姆之间还有铁路、公路轮渡，可通南岛各地，运输十分繁忙，为全国交通枢纽。海底还有连接两岛的高压电缆。南岛北端、塔斯曼湾首的纳尔逊港是新西兰的重要渔港。

库克海峡是塔斯曼海与南太平洋间的一个通道，虽不是重要的国际通航海峡，但对新西兰的交通影响很大。因为两侧的南岛和北岛是新西兰的两个主岛。北岛面积略小（11.6 万平方千米），南岛略大（15.2 平方千米），但北岛人口占全国人口的 73%，工业产值占 3/4，南岛则有金、铁等重要的矿藏，又有大片平原可供发展农业和畜牧业。两岛的畜牧业和旅游业都很发达，岛间往来十分频繁。因此库克海峡实为新西兰的交通枢纽。

23. 胡安·德富卡海峡　Strait of Juan de Fuca
——"通向东方的大门"

胡安·德富卡海峡位于北美洲西海岸加拿大和美国交界处附近，略呈东西走向。其南侧是美国陆地，北侧是加拿大的温哥华岛（见图 18）。此海峡是美国本土西北端著名港市西雅图、加拿大西南隅著名港市温哥华和维多利亚港通往太平洋最短航线的交通要道，因此有"通向东方的大门"之称。

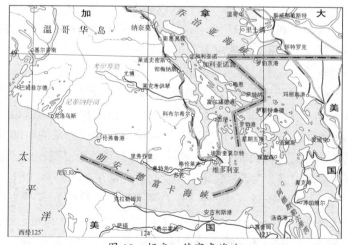

图 18　胡安·德富卡海峡

海峡

海峡北侧为沉降海岸，岸线蜿蜒曲折，多半岛、岛屿、海湾和海峡。温哥华岛和加拿大大陆海岸之间还有乔治亚海峡和夏洛特皇后海峡，呈西北—东南走向，是从温哥华通向太平洋的另一条水道。海峡以南为上升海岸，岸线平直，除西雅图附近以外，港湾、岛屿很少。

海峡地处北纬48°以北的高纬地区，但受北太平洋暖流的影响，常年温暖湿润。东南端西雅图一带平均气温1月2℃，7月24℃。东北侧的温哥华平均气温1月也达2℃左右，8月为17.4℃。年平均降水量800～1 000毫米，降水主要集中在冬季。

海峡航标灯

峡　名	胡安·德富卡海峡
位　置	太平洋东北部，北美大陆与温哥华岛之间
峡岸国	加拿大、美国
临近海域	太平洋
峡　长	100千米
峡　宽	最窄处17.9千米
水　深	70米以上
气　候	常年温暖湿润
港　口	西雅图，中美海运第一港；温哥华，加拿大第一大港

北美洲太平洋沿岸自然资源丰富，欧洲探险家和殖民者早在16世纪末就来到海峡附近。1592年，西班牙航海家胡安·德富卡首先发现该海峡，并以他的名字命名；1792年，英国海军上尉温哥华侵占了海峡北侧约2.4万平方千米的岛屿，并命名为温哥华岛；1843年，英国一公司到达这个加拿大太平洋沿岸最大的岛屿——温哥华岛开发，并以英国女皇的名字命名温哥华岛南端的港口为维多利亚港；1846年，美国和加拿大划定两国之间最西边一段界线，胡安·德富卡海峡成为两国的疆界。

海峡附近有几个世界闻名的港口。

西雅图，位于胡安·德富卡海峡东南端皮吉特湾内，属美国华盛顿州，在美国本土最西北端，是美国本土离阿拉斯加最近的港市，素称"通往阿拉斯加和远东的门户"，有从阿拉斯加铺设过来的输油管道通过，是美国主要的飞机制造中心之一，波音公司的总部所在地。港口宽阔水深，风平浪静，为天然良港。年货物吞吐量在2 000万吨以上。主要进口石油及制品，出口木材、小麦、鱼和水果。20世纪70年代末中美建立外交关系后，两国间第一次海运往来，就是在该港与上海港之间；1979年3月18日，美国1.4万吨货轮"利·莱克斯"号自西雅图到达上海港；

而1979年4月18日，3.7万吨的货轮"柳林海"号从上海到达西雅图港。

温哥华，为加拿大第三大城，最大海港，在胡安·德富卡海峡东端北方，隔乔治亚海峡与温哥华岛相望，是加拿大西部农、林、矿产品的主要集散中心，天然不冻港。年货物吞吐量在5 000万吨以上。加拿大40%以上的谷物由此外运，温哥华是中国与加拿大之间的主要贸易港口，也是加拿大与太平洋、印度洋各国之间的主要贸易港口。

维多利亚港，加拿大不列颠哥伦比亚省省会，温哥华岛东南部港市。港市规模虽然比前两个小得多，但其也是加拿大主要的深水良港，主要输出木材和鱼产品。旅游业发达，年游客人次超过城市人口的8倍，大市区人口的1倍以上。西郊港区为加拿大太平洋沿岸主要海军基地。位于埃斯奎莫尔特湾的海军造船厂拥有世界最大的干船坞。

三、印度洋主要海峡

印度洋岸线平直，少岛屿，海峡也不多，且主要集中在北部，但都是比较重要的海峡。

1. 保克海峡 Palk Strait
——亚当桥横跨的海峡

保克海峡位于印度洋北部印度半岛南端东岸和斯里兰卡岛北端西岸之间，略呈东北—西南走向。

东北口较窄，宽仅52千米。口南为贾夫纳半岛。中部较宽，最宽130千米，多岛礁。西南口地形复杂，西侧有印度的一个小半岛伸向海峡，半岛顶端还有班本岛外延；东侧斯里兰卡岛边有马纳尔岛伸

海峡航标灯	
峡　名	保克海峡
位　置	印度半岛和斯里兰卡岛之间
峡岸国	印度、斯里兰卡
沟通海域	孟加拉湾与马纳尔湾
峡　宽	最宽处130千米，最窄处52千米
水　深	2~3米，最深9米
气　候	热带季风气候
交　通	只能通小船，在亚当桥有铁路轮渡，是印度和斯里兰卡间的交通要道
军事基地	斯里兰卡的卡尔皮蒂那

向西北，两岛相距 29 千米，中间是亚当桥。亚当桥是一座天然桥，由成串的珊瑚礁和浅滩组成，是印度和斯里兰卡间的交通要道，自印度通到班本岛的铁路和斯里兰卡通到马纳尔岛的铁路在亚当桥靠轮渡连接。

海峡地处热带，属热带季风气候。平均气温 26 ~ 30℃，年较差较小。5—9 月盛行西南风，11 月至翌年 2 月多东北风。年降水量约 1 000 毫米。海域盛产热带海产品，富海参、海龟等。

保克海峡如果加以疏浚，则可成为孟加拉湾至阿拉伯海的航运捷径，具有一定的经济价值和战略意义。

斯里兰卡的贾夫纳位于海峡东北口南岸，是该国北部的经济中心和港市。西南口外的卡尔皮蒂耶是斯里兰卡的海军基地。

2. 霍尔木兹海峡　Strait of Hormuz
——"石油宝库"的"阀门"

霍尔木兹海峡位于阿拉伯半岛东岸北端与伊朗南部海岸之间，略呈弯弓状（见图 19）。其东半部略呈西北—东南走向，东南口以阿曼的利迈角与伊朗的库赫角连线与阿曼湾为界，经阿曼湾连阿拉伯海，通印度洋；西半部呈东北—西南走向，西南以阿拉伯联合酋长国的舍阿姆与伊朗的格什姆岛西缘连线为界，连波斯湾。波斯湾为世界著名的"石油宝库"，其生产的石油大部分通过该海峡输出，因此，霍尔木兹海峡被称为"石油宝库"的"阀门"。

图 19　霍尔木兹海峡

1 000 多万年以前，伊朗的扎格罗斯山脉和阿拉伯半岛东南沿岸的哈杰尔山脉是同一条山脉，后经地壳断裂，海水侵入，形成现在的霍尔木兹海峡。海峡中的一些小岛就是原陆地上的一些未被海水淹没的山峰。较大的岛屿集中在北侧，属伊朗，其中最大的是格什姆岛，横卧于海峡西段北岸，长约112千米，宽约11～32千米，面积1 336平方千米，是伊朗阿巴斯港的天然屏障。该岛南侧有亨加姆岛，东南侧有拉腊克岛。"弯弓"顶端有霍尔木兹岛，岛上有霍尔木兹古城。公元14—16世纪曾是波斯湾地区的贸易中心。南侧岛屿属阿曼，岸边有盖奈姆岛，阿拉伯半岛东北端向东北延伸处还有大库因岛、小库因岛，横卧于海峡中部偏南处。海峡西口外还有大通布岛、小通布岛和阿布穆萨岛。三岛踞海峡进入波斯湾航道的要冲，有"海峡三闸"之称，现由伊朗控制，为伊朗和阿联酋有争议的岛屿。

海峡北岸为伊朗狭窄的沿岸平原，西段比较曲折，东段平直。南岸海岸极为曲折，多半岛和海湾。穆桑代姆半岛宽仅250米、海拔达80米的地峡与吉巴勒角连接，多狭长峡湾。其中最大峡湾长16千米。海岸为石灰岩陡壁，海拔900～1 200米。岸上山峦起伏，岸下海水陡深。吉巴勒角西侧海岸坡度较小，水浅。

海峡航标灯

海峡水域北侧较浅。伊朗沿岸一般浅于10米，多珊瑚礁和沙滩。格什姆岛西南部沿岸有大片浅水区，最深不足10米。该岛和伊朗大陆之间的胡兰水道，一般水深不足25米，最深处29米，最浅处仅5.5米，只能通小型船只。南侧较深，沿穆桑代姆半岛有一条与海峡走向平行的海槽，水深大于100米，弯曲部最深达219米。向东南逐渐加深，至阿曼湾最深达3 237米。海槽以北大部水深在50～100米之间。向西逐渐变浅，波斯湾平均水深仅40米。

海峡地处亚热带沙漠地带，终年炎热干燥。穆桑代姆半岛周围峡湾幽深，岸壁陡峻，不受海风影响，气候湿热。平均气温：夏季可达32℃以上，冬季北岸

峡 名	霍尔木兹海峡
位 置	阿拉伯半岛东北端与伊朗之间
峡岸国	阿曼、阿拉伯联合酋长国、伊朗
沟通海域	波斯湾与阿拉伯海
峡 长	约150千米
峡 宽	55～95千米
水 深	平均70米
气 候	炎热干燥
交 通	著名的"国际石油通道"
军事基地	伊朗的阿巴斯港、伦格港，阿曼的盖奈姆岛海军基地，大通布岛、小通布岛和阿布穆萨岛上驻有伊朗的导弹部队

14～19℃，南岸27℃。表层平均水温26.6℃，最热月（8月）31.6℃，最冷月（2月）21.8℃。盐度37‰～38‰。潮汐微弱。海流夏季向东，冬季向西，流速0.5～1.6节，最大4.3节。

海峡地处西亚地区，亚、欧、非三大洲接合部附近，自古就是东西方商路的中继站，亚欧各国的贸易中心。公元97年，中国班超出使西域时就曾派副使到海湾一带。5世纪时，我国船只曾航行到霍尔木兹海峡口，唐代则已有商船通过海峡进入波斯湾；同时，也有许多阿拉伯商船来到中国。9世纪中叶，阿拉伯航海家苏来曼出海峡来中国访问，留下了著名的《苏来曼东游记》。10世纪时，海峡东口南侧阿曼的苏哈尔港就是东西方贸易重镇，海湾地区的商业中心。13世纪前，从中国广州到苏哈尔一直是与陆上丝绸之路齐名的海上丝绸之路。从印度尼西亚马鲁古群岛经马六甲海峡、印度洋到霍尔木兹海峡的航路被称为"香料之路"。宋代，我国的航海业已很发达，与波斯湾的交往已很多；到明代，这种交往就更为频繁，最著名的是中国明代航海家郑和七次下"西洋"。他的第三次远航，霍尔木兹港是终点，第四、五、六、七次远航也都到过该海峡。1509年，葡萄牙占领了霍尔木兹港，控制了海峡地区。1622年，英国人夺得格什姆岛，又支持波斯人夺回霍尔木兹岛，从此英国人控制了海峡。1640年，荷兰殖民者占领了海峡北岸的格什姆岛和阿巴斯港。1891年，英国又将海峡南岸划归其势力范围。自1908年英国在伊朗南部打出第一口油井及1938年美国在沙特阿拉伯钻成第一口油井之后，海湾石油陆续被发现。直到20世纪60年代，波斯湾的石油开采权基本上掌握在西方石油公司手里，海峡便成为其争夺的要地。此后，两岸多处建立了海军基地。

波斯湾是世界上石油输出最多的地区，霍尔木兹海峡则是著名的"国际石油通道"。波斯湾的石油输往美国、日本、西欧和世界各地，海上航线主要有三条：波斯湾—马六甲海峡—太平洋（日本和美国），波斯湾—苏伊士运河—地中海，波斯湾—好望角—北大西洋。霍尔木兹海峡是三条航线的必经之路。每天通过海峡的船只达300余艘，运出的石油达400万吨。为解决航路的拥挤，在海峡弯曲部大、小库因岛附近设置了分道航行区。随着中东石油产量的增加和西方国家对石油需求量的增多，海湾地区成为强国争夺的焦点地区，海峡的战略地位日益重要。20世纪80年代两伊战争中，海峡曾成为双方袭击油轮的战场。1986年，美国海军宣布该海峡为要控制的全球16个海上航道咽喉之一。1991年，海湾战争期间，海峡为以美国为首的多国部队舰船进入波斯湾的重要通道。北岸的阿巴斯港有世界上最大的炼油厂，是伊朗的重要商港，也是伊朗最大的海军基地。西口外的伦格港是伊朗的海军基地。南部的盖奈姆岛上建有阿曼的海军基地。西口外的迪拜港则是阿拉伯联合酋长国的海军基地。大通布岛、小通布岛和阿布穆萨岛上驻有伊朗的导弹部队。

3. 曼德海峡　Bāb al Mandeb
——"流泪门""伤心门"

曼德海峡在阿拉伯半岛西南角和非洲大陆之间，呈西北—东南走向。北连红海，南接亚丁湾，自古以来就是红海通往亚丁湾、印度洋的一条繁忙的商路，被称为红海的南大门（见图20）。1869年苏伊士运河通航后，成为北大西洋、地中海和黑海经红海到印度洋，进而经马六甲海峡入太平洋的水上走廊，成为欧、亚、非三大洲海上交通的要道，西方人称它是"世界战略的心脏"。

海峡南口在也门的曼德角和吉布提的锡阿内角之间，北口在也门的穆哈岸边与厄立特里亚的法蒂玛岛连线，长约95千米，宽25～45千米。

曼德海峡和红海在地质上是东非大裂谷的组成部

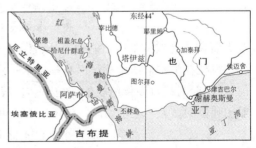

图20　曼德海峡

分，于第三纪时地层块状断裂而形成。在3 000万年前形成后至今仍在不断扩张、加宽。据研究，海峡在最初800万年里每年扩张约1厘米；最后500万年里每年扩张2厘米；法国地质矿产局调查报告称，1978年11月7日至15日几天中竟扩张了约1米。

峡　名	曼德海峡
位　置	阿拉伯半岛和非洲大陆之间
峡岸国	也门、吉布提和厄立特里亚
沟通海域	红海与亚丁湾
峡　长	约95千米
峡　宽	25~45千米。东侧小峡3.2千米,西侧大峡28.5千米
水　深	东侧小峡30米,西侧大峡100米以上
气　候	炎热干旱
交　通	是大西洋、地中海经苏伊士运河、红海到印度洋的交通要道
军事基地	也门的丕林岛海军基地,南口外有亚丁港海空军基地和吉布提海军基地

海峡两侧有三个国家:也门、吉布提和厄立特里亚。三国国土都由高原组成,海拔均在1 000米以上,沿岸有窄小的平原,大部分为沙漠和半沙漠覆盖。东岸海岸线平直,岸外无岛礁;西岸的吉布提海岸也很平直,锡阿内角附近有许多小岛和礁石,厄立特里亚海岸异常曲折,有阿萨布湾等海湾,岸外有法蒂玛岛、哈勒巴岛等众多的岛屿和珊瑚礁。海峡北口宽、南口窄,最狭窄处有丕林岛,将海峡分隔成东西两个水道。东侧水道称小峡,宽3.2千米,水深30米;西侧称大峡,宽28.5千米,水深100米以上,最深达323米。哪一条是通过海峡的主要水道,各种资料说法不一。在小船时代,船舶吨位小,吃水浅,抗风浪能力小,但曼德海峡风浪大、流急,小船只能靠岸边航行。而该海峡两岸是悬崖峭壁,浪涛拍岸,常发出恐怖的响声;岸外又有索瓦比群岛(七兄弟群岛)

及大面积的岛礁危险区。船到海峡,使人毛骨悚然,骇然泪下。因此,曼德海峡在阿拉伯语中称"巴布—埃尔—曼德",意为"流泪门""伤心门"。小船时代过曼德海峡的船也不多,故常选择小峡为主航道。随着船舶吨位的增大,吃水加深,抗风浪能力也加强,过海峡的船只大量增加,小峡已不能满足航行的需要,改从较宽、较深、风浪和潮流较大的大峡航行。现在,大峡已成为主航道。为了通行安全,附近设置了较完备的助航设施,并在大峡中间设置了分道通航区域。

　　海峡两侧海底坡度较大,东侧30米等深线

● 丕林岛

　　也门海军基地。面积13平方千米,高65米,北部建有飞机场,西南岸建有港口。

与海岸平行，离岸约 8 000 米。西侧除两端岛礁区为大片浅地外，30 米等深线离岸约 4 000～8 000 米，中部水深一般在 30～200 米，基本都在大陆架上。南口和北口分别有一条深于 200 米的海槽延伸至亚丁湾和红海。

海峡地处热带沙漠地带，气候炎热干旱。平均气温 1 月在 20℃ 以上，7 月则超过 30℃，最高达 45℃。年较差小。年平均降水量 100 毫米左右。海水表层水温高，年平均在 20℃ 以上。8 月达 27～32℃，盐度约 40‰。冬季表层海流流入红海，深层流流向亚丁湾；夏季表层流和底层流流入亚丁湾，中层流流入红海。但流入红海的水量要大得多，因为红海地区气候干热，海水蒸发量大，年降水量少，无河水补给，使红海水位每年降低 2.4～3 米，为保持红海海水与大洋的平衡，除从苏伊士运河得到少量补充外，主要靠亚丁湾经曼德海峡流入。表层流流速 2～2.5 节。

埃及人在公元前就曾穿过海峡进入印度洋。公元 10—14 世纪，葡萄牙、法国、英国曾先后占领丕林岛，企图控制海峡。15 世纪前期，中国明代航海家郑和七次下"西洋"时，第五次远航曾通过该海峡到达也门西岸，第七次远航经过海峡远达天方（今沙特阿拉伯的麦加）。1869 年苏伊士运河通航，成为世界上最繁忙的航道之一，每年有 2 万多艘船只通过。海峡又临近"石油宝库"波斯湾，战略地位更显重要。通过曼德海峡、苏伊士运河的航线是波斯湾通往欧洲、北非的捷径，比绕道好望角航线缩短航程几千至上万千米。据统计，从波斯湾到伦敦，走曼德海峡、苏伊士运河比绕道好望角可以少走 8 709 千米。以油轮航速每小时 30 千米计，绕道好望角一年只能往返 5 次，而走曼德海峡、苏伊士运河可往返 9 次。鉴于其战略上的重要性，1986 年，美国海军宣布该海峡为要控制的全球 16 个海上航道咽喉之一。

海峡最狭窄部中间的丕林岛是一个军事要地。1883 年起就成为重要的船舶加煤站，1936 年以后又成为海底电缆中继站，现有 3 条海底电缆通过海峡。岛的北部建有飞机场，岛的西南岸建有港口，是也门的海军基地。

海峡内除丕林岛外，没有其他港口。但南口外有两个重要的港口扼控着曼德海峡：南口东方 170 千米附近的亚丁港为天然深水良港，可同时靠泊 30 艘巨轮，有年产 800 万吨的现代化炼油厂，10 多艘船可同时加油，为世界最大加油港之一。它还是也门的海空军基地。吉布提是吉布提共和国的首都，其港口是东非最大的对外贸易转口港，现代化程度较高，是吉布提的海军基地，还是法国印度洋舰队的母港。

4. 莫桑比克海峡　Mozambique Channel
——世界最长的海峡

　　莫桑比克海峡位于印度洋西侧非洲东南岸莫桑比克和马达加斯加岛之间（见图21）。略呈东

图 21　莫桑比克海峡

北—西南走向。北口在莫桑比克和坦桑尼亚交界的鲁伍马河口经大科摩罗岛北端的哈布角，至马达加斯加岛北端昂布尔角的连线；南界为莫桑比克与南非交界处的欧鲁角至马达加斯加岛南端圣玛丽角的连线，长1 670千米，是世界上最长的海峡。北端宽960千米，南端最宽1 250千米，中部莫桑比克城外的郭阿岛至马达加斯加的维拉南德鲁角之间最窄，约386千米。

　　马达加斯加岛原来是非洲大陆的一部分。由于东非地壳断裂，形成巨大的莫桑比克地堑，才与非洲大陆分开。在地堑上沉积了很厚的中生代、新生代地层，又覆盖了第四纪的松散物质。现在，莫桑比克海峡南段两侧仍在不断地进行着现代的堆积过程，两侧均有一条带状冲积平原，宽约50~300千米。因此，南段两岸岸线平直，为沙质冲积海岸，多三角洲和沼泽。北段岸线比较曲折，东侧为基岩海岸，西侧为犬牙状侵蚀海岸。注入的河流，非洲大陆一侧多而长，有鲁伍马河、卢里奥河、赞比西河、萨韦河、林波波河等。其中赞比西河是非洲第四长河，也是国际河流，发源于安哥拉，流经博茨瓦纳、纳米比亚、津巴布韦、马拉维，在莫桑比克注入莫桑比克海峡，长2 660千米，主支流通

航里程达 2 600 千米。马达加斯加一侧河流多而短小，较大的有贝齐布卡河、马尼亚河、曼戈基河等。

海峡两侧大陆架宽窄不一，西岸北段几乎没有大陆架，中南段宽 20 ~ 150 千米，以赞比西河口至萨韦河口一带最宽，达 150 千米。东岸以北段和中段较宽，一般 50 ~ 100 千米，以普拉塞尔浅滩一带最宽。南段几乎没有大陆架。陆坡陡峭。海峡中部一般水深大于 2 000 米，南口最深达 4 250 米。北部科摩罗群岛为一浅于 2 000 米的海坎。中部有几座海山，但除露出水面的新胡安岛、欧罗巴岛和印度礁外，多数较深（最浅处 43 米），不影响航行。底质为粉沙和粉沙质黏土。

海峡航标灯	
峡　名	莫桑比克海峡
位　置	马达加斯加岛与非洲大陆之间
峡岸国	马达加斯加、莫桑比克，北口为科摩罗
沟通海域	印度洋西北部与西南部
峡　长	1 670 千米，为世界最长海峡
峡　宽	平均 450 千米
水　深	中部深于 2 000 米，南口最深 4 250 米
气　候	终年炎热多风
港　口	马普托
军事基地	马达加斯加的马哈赞加、图利亚拉，莫桑比克的纳卡拉、贝拉、马普托海空军基地，马达加斯加的贝岛，莫桑比克的克利马内、伊尼扬巴内、彭巴，科摩罗的马约特岛海军基地

海峡地处南纬 10° ~ 27° 之间，印度洋南赤道暖流的一个分支到海峡北口向南流入海峡，成莫桑比克暖流。受其影响，气候终年炎热多雨，年平均气温在 20℃ 以上，年较差和日较差均小。北部盛行东北风，平均风速 5 ~ 8 米 / 秒，南部盛行东南信风，风速 6 米 / 秒。终年少大风。12 月至翌年 3 月偶有热带气旋过境。年降水量北多南少，东北岸的马哈赞加为 1 553 毫米，南部的欧罗巴岛为 553 毫米。表层海水平均温度，2 月为 26 ~ 28℃，8 月为 22 ~ 25℃。表层盐度 35.1‰ ~ 35.4‰。海水透明度中部达 40 米，南北部分别为 25 米和 35 米。潮汐属正规半日潮，大潮差 3 ~ 5.2 米，在贝拉港大潮时达 7 米。莫桑比克暖流流速 1 ~ 1.5 节，最大可达 5 节。

海峡地区有 3 个国家，地位重要，物产丰富。西岸的莫桑比克以盛产腰果和椰子最为著名，据统计，全国有 5 000 多万棵腰果树，有世界最大的椰树种植园；东岸的马达加斯加岛是世界第四大岛，可制香精的华尼拉产量占世界总产量的80%，此外还盛产名贵木材，生活着狐猴、马岛灵猫等珍禽奇兽；北口的科摩罗群岛横亘于北印度洋—好望角航线的要冲，生产热带经济作物，有"香料群岛"之称。伊兰—伊兰香精产量居世界首位，华尼拉产量居世界第二位。海域生产金枪鱼、鲔、沙丁鱼、比目鱼，以及一种可用于捕鲨鱼和金枪鱼的鲫鱼——将这种鲫鱼放入水中，其吸盘吸在鲨鱼和金枪鱼身上，从而可以捕到鲨鱼和金枪鱼。海域还有一种中生代遗留下来的稀有"怪鱼"——空棘鱼。海底蕴藏有重砂矿、磷盐岩、石油等。

海峡地区历史悠久。早在13世纪时，莫桑比克城已成为东非地区海外贸易中心。埃及人、腓尼基人、希腊人、罗马人先后到此经商。13世纪末，中国元代皇帝曾派使者到达马达加斯加岛。1497年，葡萄牙航海家达·伽马远航船队首次绕过好望角来到印度洋，穿过莫桑比克海峡到达印度西海岸。从此，莫桑比克海峡成为欧洲和亚洲、大西洋和印度洋之间海上交通的必经之路，也成为殖民主义者激烈争夺的地区。1500年，葡萄牙、荷兰、法国和英国先后入侵马达加斯加岛，1505年，葡萄牙侵入莫桑比克，并把这里作为通往印度等东方国家的中转站。1700年后，葡萄牙侵占了整个莫桑比克。几百年间，海峡成为殖民者向亚洲国家进行扩张、掠夺的一条重要航路。1869年苏伊士运河的通航，大大缩短了大西洋和印度洋间的航程。而随着波斯湾石油的大量开采和油船的增大，载油20万吨的油船无法通过运河，仍需走莫桑比克海峡—好望角航线。每年约有2.5万艘次船只通过，波斯湾运往欧洲、北美石油的很大一部分经过莫桑比克海峡。因此，海峡仍不失为世界航运要冲和战略要地。1986年，美国海军宣布将该海峡作为要控制的全球16个海上航道咽喉之一。

海峡两岸主要港口和军事基地有：马达加斯加的马哈赞加、图利亚拉，莫桑比克的纳卡拉、贝拉、马普托海空军基地；马达加斯加的贝岛，莫桑比克的克利马内、伊尼扬巴内、彭巴，科摩罗的马约特岛海军基地；莫桑比克、安戈谢、莫罗尼等商港。其中以马普托最为重要。马普托是莫桑比克的首都、最大的港市和海军基地。港口为东非设备最现代化的港口之一，年货物吞吐量曾达 2 500 万吨，2015 年为 1560 万吨，以南非、津巴布韦、斯威士兰的过境物资居多。

四、大西洋主要海峡

大西洋是一个海峡比较多的海域。主要集中在北大西洋，尤其是地中海和黑海、波罗的海和北海、墨西哥湾和加勒比海，以及圣劳伦斯湾等海区。由于北大西洋是世界上海运最繁忙的海区，因此在众多的大西洋海峡中多交通和战略价值特别大的海峡。1986 年美国海军宣布要控制的全球 16 个海上航道咽喉中，就有 7 个在大西洋内。

1. 刻赤海峡 Kerch Strait
——亚速海的唯一出口

刻赤海峡位于黑海北部，克里木半岛以东。东岸为俄罗斯海岸，北岸为乌克兰海岸，南岸为 2014 年 3 月加入俄罗斯的克里米亚地区，略呈南北方向延伸。南连黑海，北接亚速海，是亚速海的唯一出口。

海峡不仅是亚速海沿岸刻赤、别尔江斯克、马里乌波尔、罗斯托夫等港口的出海通道，而且注入亚速海的顿河还有伏尔加河—顿河运河及其他连接伏尔加河的运河可连通里海、波罗的海和白海，沟通整个俄罗斯的西部地区，因而刻赤海峡虽然

海峡航标灯	
峡　名	刻赤海峡
位　置	乌克兰克里木半岛与俄罗斯海岸之间
峡岸国	俄罗斯、乌克兰
沟通海域	亚速海与黑海
峡　长	41 千米
峡　宽	4 000 米
水　深	最大 15 米，最小 5 米

浅而狭窄，在俄罗斯和乌克兰的水运中具有重要意义。

海峡西岸的克里木半岛是东欧地区著名的旅游避暑度假胜地。半岛东端的刻赤是进入亚速海货船的转运站。这里丰富的铁矿资源于 19 世纪就已开采，建有大型矿砂烧结厂和船舶修理厂。

2. 伊斯坦布尔海峡 Istanbul Boğazi
（博斯普鲁斯海峡 Bosporus）
——"神牛过渡"处

伊斯坦布尔海峡，又称博斯普鲁斯海峡，与马尔马拉海和恰纳卡莱海峡（达达尼尔海峡）合称黑海海峡。略呈东北—西南走向（见图22）。北连黑海，并以小亚细亚半岛的阿纳多卢角与巴尔干半岛东端的鲁梅利角连线为界。南连马尔马拉海，过马尔马拉海和恰纳卡莱海峡（达达尼尔海峡）通地中海。沿岸有多处浅滩，其中乌穆尔浅滩最大，浅滩西侧水域较宽，为常用航道。海峡可航宽度 0.7～1.3 千米。

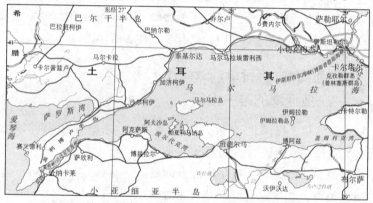

图22　伊斯坦布尔海峡（博斯普鲁斯海峡）、恰纳卡莱海峡（达达尼尔海峡）

该海峡由地壳断裂下陷海水侵入形成。底层为坚硬的花岗岩和片麻岩构成，不易侵蚀。峡道弯曲，多岬角和海湾，水流湍急。海底地形起伏较小。两岸岩壁陡峭，林木茂密，古堡屹立，风景优美。

该海区属地中海型气候。平均气温：1月 0～5℃，7月 20～25℃，年温差较大。夏季盛行北风，干燥少雨；冬季受低气压影响，降水较多。年平均降水量 600～800 毫米。6—11月有雾。海流：表层流自黑海流向地中海，盐度 18‰，流速 4.3 节；10～20 米以下的深层海水由地中海流向黑海，盐度 30‰，流速 2 节。

伊斯坦布尔海峡（博斯普鲁斯海峡）是黑海沿岸国家经地中海前往大西洋和印度洋的咽喉要道。战略地位重要，自古为兵家必争之地。公元前 7 世纪已成为黑海与地中海的通商水道。前 5 世纪波斯国王经海峡西征欧洲。公元 15 世纪中叶海峡为奥斯曼帝国领地。17—18 世纪上半叶，沙皇俄国为取得黑海出海口，多次发动对土耳其的战争。1768—1774 年，俄国军队战胜土耳其军队，根据《库楚克·凯那其和约》，俄国商船可在海峡自由航行。1833 年，俄国黑海舰队进入海峡。此后，海峡成为英、法、俄、奥、普等国激烈争夺的对象。第一次世界大战中，交战国双方对海峡进行激烈争夺。1918 年，土耳其战败，海峡由协约国控制。1923 年签订的《洛桑条约》规定，地区主权属土耳其，但海峡两岸纵深 15 千米内为非军事区，对各国舰艇开放。经过土耳其人民长期斗争后签订的《蒙特勒公约》规定，取消非军事区，恢复土耳其对海峡的全部主权，但各国商船可自由通过，黑海沿岸国的军舰也可通过海峡，

海峡航标灯	
峡　名	伊斯坦布尔海峡(博斯普鲁斯海峡)
位　置	亚洲的小亚细亚半岛和欧洲的巴尔干半岛之间
峡岸国	土耳其
沟通海域	黑海和马尔马拉海、地中海
峡　长	30 千米
峡　宽	北口最宽 3.7 千米，中部最窄处 750 米
水　深	一般 27～124 米
气　候	地中海型。夏季盛行北风，干燥少雨，冬季降水较多
交　通	黑海沿岸各国经地中海前往大西洋和印度洋的咽喉要道
港　口	伊斯坦布尔

非沿岸国只限轻型水面舰艇可以通过，所有航空母舰不能通过。这个公约至今仍是黑海海峡航行制度的国际法依据。

海峡南口附近的伊斯坦布尔是沿岸最重要的港市。它地跨海峡两岸，为土耳其最大城市，人口约 630 万。公元前 658 年为希腊人所建，330 年为东罗马帝国首都，公元 5—9 世纪成为匈奴人、阿拉伯人和保加利亚人的争夺之地。1453 年，土耳其奥斯曼帝国定为首都。第二次世界大战后，美国在此设海、空军基地。现是土耳其第一大城市，也是世界上唯一横跨亚、欧两大洲的现代化大都市。港口优良，是土耳其最大港口，建有海军基地，为其北海区和伊斯坦布尔海峡司令部驻地。海峡南口外马尔马拉海东端的格尔居克也建有海军基地，是舰队司令部驻地。

3. 恰纳卡莱海峡 Çanakkale Boğazi
（达达尼尔海峡 Dardanelles）
——黑海的"脐带"

恰纳卡莱海峡又称达达尼尔海峡，与马尔马拉海和伊斯坦布尔海峡（博斯普鲁斯海峡）合称黑海海峡，位于土耳其亚洲部分的小亚细亚半岛和欧洲部分的盖利博卢半岛之间，属土耳其的领水（见图22）。东北口接马尔马拉海，西南以小亚细亚半岛西北端的库姆卡莱角和盖利博卢半岛西南端的塞迪尔巴希尔的连线与爱琴海为界。它与马尔马拉海和伊斯坦布尔海峡（博斯普鲁斯海峡）组成黑海沿岸国家通向外海的唯一出口。

海峡呈东北—西南走向，在中部有一个近似直角的大拐弯。长约60千米，一般宽1.3~7.5千米，东北口宽3.2千米，西南口宽3.6千米，最窄处在恰纳卡莱和基利特巴希尔之间，宽1.2千米。主航道水深57~70米，最深106米。

海峡由地壳断裂下陷、海水侵入形成。两岸地层为较松软的泥质炭岩和砂岩，易被侵蚀。海岸较低平。东南岸是开阔的沿海平原，间有丘陵，农业发达，恰纳卡莱附近多山峦，山上森林茂密；西北岸的盖利博卢半岛长约100千米，多丘陵，地表较荒凉，以牧业为主。两岸耸立着许多著名的城堡。

海峡航标灯	
峡　名	恰纳卡莱海峡（达达尼尔海峡）
位　置	亚洲的小亚细亚半岛和欧洲的盖利博卢半岛之间
峡岸国	土耳其
沟通海域	地中海与马尔马拉海、黑海
峡　长	60千米
峡　宽	一般1.3~7.5千米
水　深	主航道57~70米，最深106米
气　候	地中海型
交　通	是黑海沿岸各国经地中海前往大西洋和印度洋的咽喉要道
港　口	恰纳卡莱、盖利博卢

海区属地中海型气候。平均气温：1月5~10℃，7月20~25℃。3—10月多北风和东北风，10月至翌年3月多西南风。年平均降水量400~800毫米。全年多风暴和雾，影响舰船航行。海水表层流从马尔马拉海流向爱琴海，流速1~3.2节，盐度25.5‰~29‰；底层流为盐

度 38.5‰ 的补偿性潜流，流速 2.7 节。

　　该处海峡战略地位重要，自古为兵家必争之地，归属多变。公元前 7 世纪成为黑海和地中海的通商水道，沿岸岬角建有世界最早的灯塔。前 5 世纪，波斯国王通过海峡西征欧洲。14 世纪被东罗马帝国控制，后归奥斯曼帝国。1807 年，俄、土海军曾在此交战。第一次世界大战期间，1915 年，英法联军发动了达达尼尔海峡战役，最初企图单独使用海军占领海峡，从 2 月 19 日至 3 月 18 日多次进攻未能突破土耳其防线，后采取陆海联合进攻，曾一度占领海峡，1916 年 1 月撤离。1923 年《洛桑公约》规定，海峡地区实行非军事化，允许各国舰船自由通航。1936 年《蒙特勒公约》规定，黑海沿岸国家除航空母舰外的舰船均可在海峡航行，恢复土耳其对海峡的主权，允许土耳其在海峡地区恢复防务。

　　沿岸的基利特巴希尔和恰纳卡莱是海峡的设防重地。恰纳卡莱和盖利博卢是主要港口，均可泊大型舰船。

4.奥特朗托海峡　Strait of Otranto
——亚得里亚海的"南大门"

　　奥特朗托海峡是亚平宁半岛和巴尔干半岛之间沟通亚得里亚海和伊奥尼亚海的海峡。海峡在意大利东南部奥特朗托角与阿尔巴尼亚海岸的久赫扎角之间。

　　奥特朗托是意大利南部的一个城镇名，海峡名则来源于该城镇名。

　　海区属地中海型气候。平均水温冬季 14℃，夏季 22～25℃。海流：深层流为南北流；表层流，阿尔巴尼亚沿岸为西北流，意大利沿岸为南流。流速不大。潮高 20～40 厘米。

　　海峡北侧的亚得里亚海是地中海的一个重要支海。其西南岸是意大利的东北岸，有威尼斯、的里雅斯特、拉韦纳、安

海峡航标灯	
峡　名	奥特朗托海峡
位　置	亚平宁半岛与巴尔干半岛之间
峡岸国	意大利、阿尔巴尼亚、希腊
沟通海域	亚得里亚海与伊奥尼亚海
峡长	76 千米
峡宽	最窄处 75 千米
水深	最深 978 米
气候	地中海型
交通	亚得里亚海沿岸各港南出地中海的交通要道

军事基地	意大利的布林迪西、塔兰托,阿尔巴尼亚的发罗拉、萨赞岛、希马拉和萨兰达

科纳、巴里和布林迪西等港口;东北岸有斯洛文尼亚、克罗地亚、黑山、阿尔巴尼亚等国的众多港口,如里耶卡、塞尼、都拉斯和发罗拉等。海峡是这些港口南出地中海,转而进入世界大洋的咽喉要道,具有重要的航运和战略价值。第一次世界大战时,英、法司令部为防止德国和奥匈帝国潜艇驶入地中海,在该海峡设置了移动防潜拦阻线。第二次世界大战期间,海峡为意、德舰队前出至英国地中海主要航线的必经之路,也是意、德通北非各国的要冲。现海峡附近仍有许多海军基地:东岸有阿尔巴尼亚的发罗拉、萨赞岛、希马拉和萨兰达海军基地;西岸有意大利的布林迪西海军基地,西侧塔兰托湾中的塔兰托海军基地是意大利最重要的海军基地,为意大利伊奥尼亚海和奥特朗托海峡的海军区司令部驻地和舰队训练中心,意大利海军的基本兵力驻泊于此。

5. 墨西拿海峡 Stretto di Messina
——"女魔"镇守的水手畏途

海峡航标灯

峡　　名	墨西拿海峡
位　　置	亚平宁半岛与西西里岛之间
峡岸国	意大利
沟通海域	伊奥尼亚海与第勒尼安海
峡　　长	约55千米
峡　　宽	南部16千米,北端3.2千米
水　　深	一般100~300米
交　　通	伊奥尼亚海与第勒尼安间的海运要道,西岸墨西拿与半岛南端之间有火车轮渡

墨西拿海峡位于地中海中部,是意大利亚平宁半岛与西西里岛之间沟通伊奥尼亚海和第勒尼安海的海峡。略呈南北方向延伸。南北长约55千米,北窄南宽,最深处达1 401米,航道最浅水深也有85米。

海峡内有斯齐拉和哈里布达两个漩涡和暗礁,暗礁在希腊神话中为女魔的化身,被古代水手视为畏途。当然,在航海技术高度发达的现代,墨西拿海峡已成为重要而畅通的水道。海峡中常出现海市蜃楼。北部水下有喷溢区,潮流流速4.9节,潮高0.5米。

该海峡是一个军事要地。乌沙科夫远征地中海(1798—1800年)时,俄国舰艇就曾通过该海峡。第一次世界大战期间德国潜艇在此布过雷。第二次世界大战时，1943年9月，美国第五集团军和英国第八集团军曾强渡墨西拿海峡登陆亚平宁半岛。

北口西岸的墨西拿是沿岸最重要的港市，是地区的商业和文化中心，又建有海军基地。墨西拿和对岸半岛南端的雷焦卡拉布里亚之间有火车轮渡。

海峡西岸的西西里岛是意大利的第一大岛，土地肥沃，资源丰富，经济发达，风景优美，多名胜古迹。西西里岛与半岛之间来往频繁，交流甚多。但海峡严重阻隔了陆路交通，使两地间的来往交流很不方便。为

● **西西里岛**

意大利第一大岛，资源丰富，经济发达，风景优美，多名胜古迹。位居地中海中部，军事地位重要。

此，意大利政府早就计划打通海峡的陆路交通，2003年，正式批准修建墨西拿海峡大桥，连接意大利本土的雷焦卡拉布里亚和西西里岛的墨西拿。建设中的跨海峡大桥主跨3 300米，建成后，将超越目前世界第一大悬索桥——日本明石海峡大桥（主跨1 990米）成为世界最长的悬索桥。

6. 马耳他海峡 Malta Channel
——东、西地中海和南欧、北非的"十字路口"

马耳他海峡位于地中海中部，突尼斯海峡东南口的东侧。海峡北岸是意大利的西西里岛，南侧为马耳他共和国。地处地中海西部和西欧各国至地中海东部和苏伊士运河之间，东距苏伊士运河北口和西距直布罗陀海峡均在970海里左右。又处于意大利至突尼斯、利比亚的交通要冲，具有重要的战略意义。

海峡纵深很短，宽度也不大，最窄处93千米。水深100～150米。海流自西而东，流速0.5节。

北侧的西西里岛是地中海中最重要的军事要地，历史上曾进行过多次西西

海峡航标灯

峡 名	马耳他海峡
位 置	地中海中部，西西里岛与马耳他岛之间
峡岸国	意大利、马耳他
沟通海域	伊奥尼亚海与突尼斯海峡
峡 宽	93千米
水 深	100～150米
港 口	瓦莱塔

里争夺战,或在附近海域进行破交、保交战。现该岛是意大利最大和最重要的岛屿,在岛上仍有奥古斯塔和墨西拿海军基地。马耳他则素有"地中海心脏"之称,又是南欧和北非之间的"踏脚石",可扼控马耳他海峡和突尼斯海峡,继而控制东、西地中海航道。早在1814年,岛上的瓦莱塔就成为英国的海军基地。直到1979年马耳他才收回,转作商港,成为地中海重要的转口贸易中心。

7. 突尼斯海峡 Can. de Tunis
——东、西地中海的"咽喉"

突尼斯海峡也称西西里海峡,位于北非突尼斯东北岸与西西里岛的西南岸之间,东南口的东侧是马耳他(见图23)。略呈西北—东南走向,长226千米,西北口窄,最窄处在突尼斯的邦角(提卜角)与西西里岛的西端之间,宽约146千米,中部和东南口水域宽阔。海峡地处东、西地中海之间,是西欧经直布罗陀海峡前往黑海,或前往苏伊士运河南下印度洋的交通要冲。

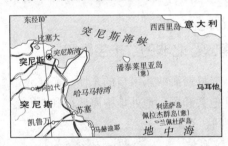

图 23 突尼斯海峡

海峡两岸多山地。东岸较平直,西岸较曲折,有哈马马特湾和突尼斯湾两个较大的海湾。海峡北部是一条从非洲到西西里岛山岭下陷的海底海岭,大部分浅于200米,只有一条狭窄的深于200米的通道。南口西侧大陆架广阔,东侧是深水区。海峡中部有属意大利的潘泰莱里亚岛,呈金字塔形,是天然的航行目标。南口中央有属意大利的佩拉杰群岛,群岛以西为大面积的浅海区。

该处属地中海型气候,冬季温湿,夏季干热。1月平均气温11℃,7月平均气温25.5℃。年平均降水量500~750毫米。海峡内有一股自西向东的恒向流,流速为0.5~1节。潮流为往复型,涨潮流流向东南、南,落潮流流向东北、北,流速1~2节。

海峡内助航设备完善。提卜角、卡尼岛上均建有灯塔。提卜角以北 7.5 海里处设有分道通航区，分隔带宽 2 海里，两侧通航区各宽 3 海里，均靠右侧航行。该分道航行区以西、卡尼岛以北也设有同样宽度的分道通航区。

突尼斯海峡是一个军事要地，历史上战事频繁。早在第一次布匿战争期间（公元前 264—前 241 年）就在西西里岛以西的埃加迪群岛和西西里岛南岸的埃克诺姆斯角（今利卡塔），以及西西里岛西部特拉帕尼港，发生过罗马舰队和迦太基舰队的海战。在第二次世界大战中，突尼斯海峡是英国地中海交通线直布罗陀港—马耳他岛—亚历山大港的必经之地，在此英军曾与德、意军队进行过海上作战。如 1941 年，英国驱逐舰编队在突尼斯邦角附近袭击意大利舰队的海战；1943 年，美英联军通过海峡在西西里岛登陆。战后是美国

峡　名	突尼斯海峡
位　置	西西里岛与突尼斯东北岸之间
峡岸国	突尼斯、意大利、马耳他
沟通海域	地中海东西部
峡　长	226 千米
峡　宽	约 146 千米
水　深	100～500 米
气　候	地中海型，冬季温湿，夏季干热
港　口	突尼斯
军事基地	突尼斯的突尼斯、比塞大、古莱比耶、苏塞、斯法克斯，意大利的奥古斯塔、墨西拿

第六舰队的常用航道和北约组织地中海舰队的活动区域。两岸多军事基地。北岸西西里岛上有意大利的奥古斯塔和墨西拿海军基地。奥古斯塔是意大利主要海军基地之一，经常驻泊驱逐舰和潜艇，也是美国第六舰队后勤保障基地。海峡西侧有突尼斯的比塞大、突尼斯、古莱比耶、苏塞、斯法克斯等海军基地。突尼斯是突尼斯共和国的首都，是该国最大港口，也是突尼斯海峡沿岸最大港口。

8. 直布罗陀海峡　Strait of Gibraltar
——地中海—大西洋的"咽喉"，欧洲—北非的天堑

直布罗陀海峡位于欧洲伊比利亚半岛南端与非洲大陆西北部之间，为沟通地中海和大西洋的唯一通道，是西欧、北欧各国舰船经地中海、苏伊士运河南下印度洋的咽喉要道，也是飞机选择自由过境的常用空中走廊，被称为"西方的生命线"（见图 24）。

海峡西边以西班牙的特拉法尔加角和摩洛哥的斯帕特尔角连线为界与大西洋相连，东以直布罗陀半岛南端的欧罗巴角和摩洛哥的阿尔米纳角的连线接地中海。东西长约 65 千米。西宽东窄，西口宽 45 千米，东口宽 23 千米，最窄处在摩洛哥的锡里斯角与西班牙马罗基角以东海岸之间，宽仅 14 千米。面积 5.8 万平方千米。

图 24　直布罗陀海峡

两岸原为相连的阿尔卑斯山系，第三纪末、第四纪初断裂下陷，被海水浸没而成海峡。南北两岸均为海拔 400 米以上的山地，北岸为直布罗陀绝壁，南为穆萨山。海岸陡峭，岸上植物茂密，有栎、松和灌木等。两岸多海角和海湾：海角有马罗基角、欧罗巴角、阿尔米纳角和斯帕特尔角等；大海湾有阿尔赫西拉斯湾、休达湾、丹吉尔湾等。沿岸附近有暗礁和浅滩。

海峡内少岛屿，仅有北侧的塔里法岛和南侧的佩雷希尔岛。海底地形比较平坦，西浅东深，缓缓向地中海倾斜。西部中央有特赫海岭，最浅水深 50 米，东部水深大多在 500~850 米，最深 1 700 米。

该地属地中海型气候。平均气温：冬季 12.4℃，夏季 22℃。冬季在沿岸避风地区可出现轻微霜冻，夏季有时气温可上升到 30℃ 以上。受两岸山地影响，全年为东西向风。冬季温湿多西风，夏季干热多东风，风力均较外海强，通常 4~5 级，有时达 7~8 级。春秋两季常有风暴和夹雨的龙卷风。年平均降水量约 1 000 毫米，10 月至翌年 4 月为雨季，6—8 月为旱季。全年少雾。表层海水平均温度 2 月 15℃ 左右，8 月 21℃。以水深 125~160 米深度为界面，上层海水自西向东流入地中海，流速一般为 2~4 节，海峡中部流速较强，沿岸较弱，水温 17℃，盐度 36.6‰；下层海水自东向西流入大西洋，流速为 2.8 节，水温 13.5℃，盐度 37.7‰。上下两层海流使地中海海水不断得到更新，也阻挡了大西洋下层冷水流入地中海，从而保持了地中海深层海水的较高温度和盐度。潮流为东西向的往复流，东部比西部强，向东流比向西流强，平均流速约为2节，近岸处达3节。海峡中的流多为海流和潮流的综合流。潮流向东流时，潮流和海流的综合流最大流速可达5节。

海峡中航行目标完善。两岸山形显著，北岸的最高峰塔塔山海拔830米，南岸的最高点穆萨山海拔848米，都是良好的天然航标。北岸的欧罗巴角、卡尔内罗角、塔里法岛，南岸的阿尔米纳角、马拉巴塔角、斯帕特尔角和丹吉尔港均建有灯塔。为确保航行安全畅通，还实行了分道通航制度，从大西洋入地中海的船舶沿摩洛哥一侧行驶，从地中海驶向大西洋的船舶靠西班牙一侧航行。

海峡航标灯	
峡　　名	直布罗陀海峡
位　　置	欧洲西南端与非洲西北部之间
峡岸国	西班牙、摩洛哥
沟通海域	地中海与大西洋
峡　　长	约65千米
峡　　宽	最窄处14千米
水　　深	平均375米。最浅50米，最深1 700米
气　　候	地中海型
交　　通	扼地中海和大西洋航道的咽喉

直布罗陀海峡是扼地中海和大西洋航道的咽喉，又是欧洲和非洲的门户，经济意义和战略地位均十分重要，为历代兵家必争之地。公元711年，非洲北部丹吉尔总督、摩尔人塔里克率领军队北渡海峡攻打西班牙，在现在的直布罗陀港登陆，并下令在直布罗陀半岛南端高达129米的岩石山头建造一座城堡。为了纪念这次渡海作战的胜利，便把塔里克建筑的军事要塞称为"直布尔·塔里克"，是阿拉伯语中"塔里克山"的意思，欧洲人把它音译为"直布罗陀"。1462年西班牙人夺回直布罗陀地区，还于1580年占领了南岸的休达（塞卜泰）。1704年英国占领了直布罗陀，1713年在此修建海军基地，控制了海峡交通。海峡地区发生过多次著名的海战。1607年荷兰舰队击溃西班牙舰队。1801年英、法两国海军在此发生一次夜间海战。1805年英、法两国在海峡西口爆发了特拉法尔加角海战。在两次世界大战期间，德国的潜艇曾多次通过海峡进入地中海。1915年2月至1918年10月，协约国有73艘潜艇通过海峡。第二次世界大战期间，海峡成为军事运输最重要的通道。1939年9月德国6艘潜艇经海峡入地中海，11月击沉了当时地中海上唯一的英

国航空母舰"皇家方舟"号。1975年，美国和西班牙合作，在海峡西口西北约60千米的罗塔建海军基地，现已成为美国海军第六舰队的主要基地，也是西班牙海军舰队司令部驻地。直布罗陀港区，西部为军港，北部有机场，是美英控制海峡的海空军基地，北约组织在此设有直布罗陀地区司令部，并与美军组成联合司令部。两基地相互呼应，构成了控制海峡的防务系统。1986年美国海军宣布直布罗陀海峡为要控制的全球16个海上航道咽喉之一。

直布罗陀地区的归属问题是英国和西班牙长期悬而未决的问题。1991年3月，英国正式将地区的防务移交给当地人，结束了英国长达287年的军事存在，但英、西两国的主权之争并未解决。当地虽设有议会、部长理事会、上诉法院和最高法院等，但仍由英国王室委派总督兼驻军司令经管一切军政事务，重大问题仍需英议会批准。后又经多方长期谈判，于2002年达成了"一些原则性问题的一致意见"，即所谓"两国分享直布罗陀主权"，然而西班牙仍希望收回所有主权，而当地人则认为分享主权是对当地人的"彻底背叛"，直布罗陀人当年11月在全民公决中否决了这一方案。

直布罗陀地区另一个悬而未决的问题是：海峡既是海上航行的咽喉，又是欧洲和非洲陆路交通的天堑，将此天堑变通途，是继英吉利海峡隧道工程完成后的又一项举世瞩目的伟大工程。1980年，西班牙和摩洛哥提出修建直布罗陀海底隧道的意见，两国政府将共同出资建造。1990年召开直布罗陀海峡隧道工程审核会议。2008年10月完成可行性报告。根据设计方案，隧道的起点为西班牙的塔里法，终点是摩洛哥北部的马拉巴塔角，全长37.7千米，其中27.2千米位于海底以下300米处。原计划2010年开工，但由于资金等问题项目搁置。

9. 英吉利海峡 English Channel
（拉芒什海峡 La Manche）
——世界上最繁忙的海峡

英吉利海峡又称拉芒什海峡，位于北大西洋东部，欧洲大陆和大不列颠岛之间。东北经多佛尔海峡通北海，与多佛尔海峡一起也有人合称英吉利海峡（见图25）。西以锡利群岛与韦桑岛的连线为界连大西洋，为世界著名海上通道。水域面积为8.99万平方千米。

英吉利海峡是大陆架浅海，第四纪冰期时，海平面低于现在的海面100多米。大不列颠岛与欧洲原来相连，在多佛尔海峡处为地峡。约在8 000年前陆地下沉，冰川消融，海面上升，地峡被海水淹没，大不列颠岛与大陆分离，形成海峡。

图25　英吉利海峡、多佛尔海峡

海峡两侧岸线大部较平直，少大海湾，主要有北岸的莱姆湾，南岸的圣马洛湾和塞纳湾。两岸入海河流短小，最大河流为塞纳河，流经巴黎入塞纳湾。沿岸主要岛屿有北岸的锡利群岛和怀特岛，南岸的海峡群岛和韦桑岛。

海底地形复杂，由东向西倾斜。底质多砂砾和石块。东部沿法国一侧海底多礁石、浅滩，不利航行。中部海底以白垩质岩、石灰岩和黏土交替出现，形成波状起伏。西部海底较平坦，大部分为石灰岩，也有部分坚硬的火成岩露出海面而成岛屿。

地处西风带，受北大西洋暖流作用，气候温暖湿润。冬季气温3.9～8.3℃，夏季气温19.4～21.1℃。终年多雨、雪和雾。年降水量635～1 016毫米，年降雨日逾百天。全年有雾，春、秋季较多，雾日30—80天。冬夏两季多西风，春秋两季多东和东北风。秋冬两季多旋风。海水表层平均温度：2月7℃，8—9月16℃。东部上下层水温温差小，西部底层温度低于5℃。表层盐度34.8‰～35.5‰。法国沿岸河水注入量大于英国沿岸，盐度偏低。海流主要是北大西洋暖流自西进入，形成稳定的东流，流速0.5节。当有较长时间的西风和西南风时，发生较强海流，流速达1.5节。潮汐类型为半日潮，涨潮流流向东北，落潮流流向西南，受西风和地形影响，潮流自西向东流，经两侧海岸紧缩形成大海潮。在英国斯沃尼奇处平均大潮差达1.7米，法国圣马洛湾平均大潮差达 11.9 米，是世界上海洋潮汐动力资源最丰富的地区之一。1966 年法国在圣马洛湾的朗斯河口建有世界最大的潮汐发电站，年发电能力为 5.4 亿千瓦时。

海峡处于冷、暖海流交汇处，有丰富的浮游生物，为重要渔业区，盛产鳕鱼、鲱鱼、青鱼和比目鱼等。因过度捕捞和海水严重污染，渔业资源逐渐枯竭。

海峡两岸工业发达，重要港口和城市众多，英国沿岸有朴次茅斯、南安普敦和普利茅斯，法国沿岸有布洛涅、勒阿弗尔和瑟堡等。两岸陆路交通以火车、汽车轮渡和气垫船为主，横向船只来往频繁；海峡更是重要国际航运通道，是西欧、北欧前往地中海、南大西洋、印度洋和太平洋的主要航道，也是世界上最繁忙的海上航道之一。每年通过船舶达 15 万艘。年货运量约 6 亿吨。西欧和北欧有一半以上的石油、矿砂、谷物和煤炭等货物通过此海峡。但是，海峡内多礁滩，沉船密布，航线纵横交错，如遇不良天气和海况，航行困难，时有海难事故发生。为此，海峡内设有较完善的助航设备，1977 年又实施了海上分道通航制度，并提供现代化的导航设施和航海信息服务。1994 年欧洲隧道开通后，航行条件进一步得到改善。

英吉利海峡既是海陆运输重要通道，又是英国的海防屏障，战略地位十分重要。海峡自古多战事。1602 年英格兰舰队击溃西班牙战船，粉碎了西班牙进攻英伦三岛的企图。两次世界大战中，英吉利海峡均是双方保交和破交的主要战场。第

海峡航标灯

峡　名	英吉利海峡
位　置	欧洲大陆与大不列颠岛之间
峡岸国	英国、法国
沟通海域	北海与大西洋
峡　长	520 千米
峡　宽	西部 240 千米，东部最窄处 96 千米
气　候	温暖湿润
港　口	英国的朴次茅斯、南安普敦、普利茅斯，法国的布洛涅、勒阿弗尔、瑟堡
军事基地	英国的朴次茅斯、波特兰、普利茅斯海军基地，西莫灵、奥迪厄姆空军基地，利昂、索伦、约维尔顿、卡德罗斯海军航空兵基地，法国的瑟堡、布雷斯特、布伦、敦刻尔克海军基地，勒杜盖、阿布维尔、特鲁维尔、勒恩、瑟堡、布勒斯特空军基地。美国在英国南部南鲁斯列设有战略空军基地，为第三航空队司令部驻地

一次世界大战时，英国曾在此布设水雷、防潜网，封锁德国海军舰队从北海通往大西洋。第二次世界大战中，1940 年 5 月，英法军队 33 万人从敦刻尔克撤退，免遭德军追击。1940 年 7 月德军飞机在海峡炸沉盟军的商船 40 艘和驱逐舰 4 艘。1944 年 6 月，英美联合发起了著名的诺曼底登陆战役，给德军以致命的打击。战后该海峡为北约组织国家对华约组织波罗的海舰队、北方舰队南下的控制区。1986 年，美国海军宣布其为要控制的全球 16 个海上航道咽喉之一。

沿岸军事基地众多。英国沿岸海军基地有朴次茅斯、波特兰、普利茅斯，空军基地有西莫灵、奥迪厄姆，海军航空兵基地有利昂、索伦、约维尔顿、卡德罗斯；美国在英国南部南鲁斯列设有战略空军基地，为第三航空队司令部驻地；法国沿岸海军基地有瑟堡、布雷斯特、布伦、敦刻尔克，空军基地和机场有勒杜盖、阿布维尔、特鲁维尔、勒恩、瑟堡、布勒斯特。瑟堡位于英吉利海峡南侧科摩拉半岛北岸，现为法国第一海军军区司令部驻地。布雷斯特是控制英吉利海峡西口的要地，驻有导弹核潜艇，现为法国第二海军军区司令部驻地。

10. 多佛尔海峡 Strait of Dover（加来海峡 Pas de Calais）
——欧洲隧道上的海峡

多佛尔海峡，法语称加来海峡，位于北大西洋东部英国东南岸和法国北部之间（见图 25）。西南以英国邓杰内斯角和法国格里内角连线同英吉利海峡为界，东北以英国北福兰角和法国加来之间连线为界连北海。呈东北—西南走向，航道水深 30 米以上，可通行各种舰船，每天过往船只达 350 艘，为世界最繁忙的航道之一。是国际航运要道，也是英国和欧洲之间最短的海上航路。

第四纪冰期时，原为大不列颠岛与欧洲大陆相连的地峡。约 8 000 年前陆地下沉，冰川消融，海面上升而被淹没，形成海峡。两岸为白垩质峭壁陡崖，地势险要，悬崖峭壁中有一系列地下洞穴。海底地形复杂，底质多砂、砾和石块，沿岸两侧和海峡中部多浅滩、礁石。水深 3.7 米的勒瓦纳浅滩、1.6 米的里季浅滩和 6.5 米的巴叙雷勒浅滩沿海峡延伸方向分布于海峡中部，影响两岸之间的航行。

海峡航标灯	
峡　名	多佛尔海峡
位　置	英国东南岸与法国北部之间
峡岸国	英国、法国
沟通海域	北海与大西洋
峡　长	40多千米
峡　宽	大部30~40千米
水　深	一般25~45米，最深处64米
气　候	温和湿润，春夏多雾日
港　口	英国的多佛尔和福克斯通，法国的敦刻尔克和加来

海峡地处西风带，受北大西洋暖流和北冰洋冷气流的交汇影响，成为世界上多雾地区之一。春夏雾日较多，平均每月有10天。气候温和湿润，平均气温1月约5℃，7月约17℃。当大陆气流从东南方进入时，夏季炎热，极端最高气温30℃以上；冬季寒冷，最低气温可达 −19℃。多雨、雪和雷暴，年降水量为736毫米，年雨日逾120天。全年多西南风，风力通常4~7级，冬季多西、西南大风，春季多北、东北大风。当盛行5~6级西南风或东北风时，海峡狭窄处风力可达8级。大风期间常出现大浪、巨浪和涌。属正规半日潮，平均大潮差6~7米，小潮差3.4~4.0米。涨潮流向东北，落潮流向西南。大潮流速2.5~3.5节，小潮流速1~2节。海流主要来自大西洋的东北向流，流速0.5节。

通过海峡的船只众多，英国多佛尔与法国敦刻尔克、布洛涅之间，英国的福克斯通与法国的加来、布洛涅之间有火车、汽车轮渡和气垫船来往；海流、潮流较强，还有从英国东海岸来的南流也在此汇合，水流复杂；海峡中多浅滩，多浓雾。航线纵横交错，航道错综复杂，经常造成海难事故。至20世纪80年代初，海峡中的沉船已达2 000多艘。为解决此问题，1977年起实行分道通航制，东北向的船只沿法国海岸航行，西南向的船只沿英国海岸航行，并提供现代化导航设施和航海信息服务。从此海上事故有所减少。为了解决英国与欧洲大陆的陆路交通问题，改善海峡航行条件，1988年9月，英法两国开始在海峡两岸多佛尔和加来之间建造一条英法海底隧道。隧道于1990年

● **欧洲隧道**

位于多佛尔海峡海底。隧道总长50.5千米，其中水下37千米，距海平面100米。

11月14日正式投入商业运行，承担了英法两国跨海峡一半的客运量和30%左右的货运量。隧道的建成大大缩短了列车在两国间行驶的时间，把英国和欧洲大陆连接起来。海底隧道的建成对欧洲的政治、经济和军事具有重要意义，故该隧道也称为欧洲隧道。隧道虽然位于多佛尔海峡中，但平时称其为英吉利海峡隧道。这是因为，人们常常将多佛尔海峡和英吉利海峡合称为英吉利海峡。

海峡在军事上具有重大意义，历史上在这里发生过多次海战。1588年英国第一次击败西班牙的"无敌舰队"，夺取了海上控制权。1602年，荷兰舰队与英国分舰队在此激战数小时，荷军败退，两个月后两国正式宣战。第一次世界大战时，英国在此设置了水雷和防潜网，封锁德国海军舰队从北海通往大西洋，保障英、法之间航运的畅通。第二次世界大战期间，在海峡深处再次布设坚固的防潜障碍和水雷配系，还有舰艇和飞机监视。尽管如此，希特勒海军舰艇仍时有闯过海峡的。1940年，英法盟军约33万人从敦刻尔克撤过海峡，凭借天险摆脱了德军的追击。战后，海峡是北大西洋公约组织重点控制的战略要地。

沿岸主要港市有英国的多佛尔和福克斯通，法国的敦刻尔克和加来等。

11. 圣乔治海峡　Saint George's Channel
——北大西洋航线和西欧—地中海航线的交叉路口

圣乔治海峡北连爱尔兰海，经爱尔兰海向北过北海峡通大西洋，南以爱尔兰的康索尔角和威尔士的圣戴维兹角连线为界，接凯尔特海，通大西洋。

海峡两岸海岸线较平直，西岸没有较大的海湾，东岸较大海湾有卡迪根湾。北口东侧有安格尔西岛等岛屿。其他海域少岛礁。

海峡东岸为英国海岸，西岸为爱尔兰海岸，两国都是发达国家。圣乔治海峡—爱尔兰海—北海峡构成英国和爱尔兰之间的航行通道。北可通繁忙的北大西洋航线，

海峡航标灯	
峡　　名	圣乔治海峡
位　　置	大不列颠岛威尔士海岸与爱尔兰岛东岸之间
峡 岸 国	英国、爱尔兰
沟通海域	爱尔兰海和大西洋
峡　　长	160千米
峡　　宽	南口最窄处74千米
水　　深	最深113米，最浅82米
港　　口	爱尔兰的都柏林、罗斯莱尔，英国的米尔福德

南口向东连英吉利海峡，可入北海、波罗的海，向南可达直布罗陀海峡，入地中海，经苏伊士运河，通印度洋，具有一定的航运价值。沿岸主要港口有爱尔兰的都柏林、罗斯莱尔，英国的米尔福德港等。

12. 北海峡　North Channel
——大不列颠和爱尔兰两岛间航路的瓶颈

北海峡位于北大西洋东部，大不列颠岛和爱尔兰岛东北岸之间。呈西北—东南走向。长约 160 千米，西北口宽约 57 千米，东南口宽约 38

峡　名	北海峡
位　置	大不列颠岛与爱尔兰岛东北岸之间
峡岸国	英国
沟通海域	爱尔兰海与大西洋
峡　长	约160千米
峡　宽	中部最窄处21千米
交　通	爱尔兰海沿岸各港西出大西洋的捷径
港　口	贝尔法斯特、格拉斯哥
军事基地	法斯兰

千米，中部最窄处在苏格兰的金泰尔角和爱尔兰的托尔海角之间，宽仅 21 千米。东南口接爱尔兰海，西北口连大西洋。海峡北部有阿伦岛、艾莱岛和朱拉岛等岛屿。

两岸岛上多山地，多为岩岸，岸线曲折，多海湾。西南侧爱尔兰岛东北岸有深入至贝尔法斯特和伦敦德里的两个较大海湾。东北侧岛屿、半岛间多海湾，其中最大的海湾是克莱德湾。

海峡水深，航道宽阔，助航设备完善，航行便利。

北海峡是爱尔兰海沿岸港口（都柏林港、利物浦港）出大西洋的捷径，也是沿岸港口出大西洋的主要航道。沿岸主要港口还有：贝尔法斯特，英国北爱尔兰地区首府，最大城市和港口；格拉斯哥，在东岸克莱德湾的湾首，为英国北部大城市和重要港口。克莱德湾沿岸还建有法斯兰海军基地。

13. 斯卡格拉克海峡　Skagerrak
——波罗的海诸海峡的西口

斯卡格拉克海峡位于北大西洋东北隅，丹麦日德兰半岛北岸与挪威南岸、瑞典西岸之间，是波罗的海诸海峡（斯卡格拉克海峡、卡特加特海峡、厄勒海峡、大贝尔特海峡和小贝尔特海峡等海峡的总称）最西侧的水道（见图26）。东南以日德兰半岛最北端的格雷嫩角灯塔至瑞典海岸的北纬57°45′纬线为界连卡特加特海峡，西南以丹麦汉斯特霍尔姆灯塔与挪威南端的林讷角灯塔连线为界，接北海。

注：①小贝尔特海峡
　　②大贝尔特海峡

图26　斯卡格拉克海峡、卡特加特海峡、厄勒海峡、大贝尔特海峡和小贝尔特海峡

海峡呈东北—西南走向，轮廓似矩形。南浅北深，南侧大陆架宽达50～80千米，北侧有一条与海峡走向平行的斯卡格拉克海槽，最深处深达809米，也是海峡的最深点。

海峡的地质构造处在一条东西向的大断裂带上，北岸至今仍在继续沉降，使海岸曲折多湾，形成一系列海底溺谷[①]和峡湾。其中最大的峡湾是北端的奥斯陆峡湾。南侧海底较浅，海岸平直，岸上多沙丘、潟湖和沼泽。

海区属海洋性气候，受北大西洋暖流的影响，温和湿润。2月平均气温在 −3℃ 左右，7月平均气温20℃。降水季节分配均匀，年降水量约600毫米。1—5月有雾；6—8月多西北风和西南风；10月至翌年3月多偏南风。8级以上的大风多发生在10月至次年3月，5—7月最少。海水属于半日潮，潮差0.4米。海流呈逆时针方向，流速1～2节。

海域渔业资源丰富，盛产鲭、鳕和比目鱼等。

峡　名	斯卡格拉克海峡
位　置	斯堪的纳维亚半岛与日德兰半岛北岸之间
峡岸国	挪威、瑞典、丹麦
沟通海域	波罗的海与北海
峡　长	300千米
峡　宽	110～130千米
水　深	平均725米
气　候	温和湿润
交　通	波罗的海沿岸出大西洋的交通要道
港　口	挪威的奥斯陆、克里斯蒂安桑、阿伦达尔、拉尔维克，丹麦的希茨海尔斯

① 由于侵蚀基准面上升或地壳下降，河口被海水、湖水淹没而成漏斗形三角港，是为溺谷。

海峡两岸及波罗的海沿岸均为发达国家，且经济发展较早；北端的奥斯陆峡湾沿岸是挪威的经济中心区域，使海峡成为交通要道。在第一次世界大战期间的1916年，英、德之间的日德兰海战就发生在这里。第二次世界大战期间海峡被德国占领，战后被北大西洋公约组织控制。此海峡是1986年美国海军宣布要控制的全球16个海上航道咽喉之一。

沿岸最大的港口是挪威的首都奥斯陆，其他港口还有挪威的克里斯蒂安桑、阿伦达尔、拉尔维克和丹麦的希茨海尔斯。希茨海尔斯和克里斯蒂安桑之间有轮渡。北岸奥斯陆峡湾湾首的霍滕建有挪威的海军基地。

14. 卡特加特海峡　Kattegat
——波罗的海诸海峡的中枢

卡特加特海峡位于丹麦日德兰半岛东北岸与瑞典西南岸之间（见图26）。海峡北口以日德兰半岛最北端的格雷嫩角灯塔至瑞典海岸的北纬

海峡航标灯

峡　名	卡特加特海峡
位　置	斯堪的纳维亚半岛与日德兰半岛东岸之间
峡岸国	丹麦、瑞典
沟通海域	波罗的海与北海
峡　长	约220千米
峡　宽	60~140千米
水　深	10~124米
气　候	温带海洋性气候
交　通	波罗的海沿岸出大西洋的交通要道
港　口	瑞典的哥德堡、法尔肯贝里、哈尔姆斯塔德，丹麦的霍森斯、奥尔堡、奥胡斯和菲特烈港
军事基地	丹麦的奥胡斯、菲特烈港

57°45′纬线为界，连斯卡格拉克海峡。此界在地理界被认为是北海和波罗的海的分界线。南自瑞典海岸的库伦灯塔与西兰岛北岸、菲英岛北岸至日德兰半岛海岸的连线为界，分别接厄勒海峡、大贝尔特海峡和小贝尔特海峡，并通过这些海峡连波罗的海。

海峡略呈西北—东南走向，面积15 485平方千米。平均水深26米。东侧较深，为主航道，西侧有大面积的浅于10米的浅水区。

海峡中部有丹麦的莱斯岛、安霍尔特岛，西南部有萨姆斯岛。

该海区属温带海洋性气候，7月平均气温27℃，1月平均气温−12℃。年平均降水量400~800毫米。多东南和西北风，最大风力可达10级。冬季经常视距不良，

小于2海里的能见度日数占25%。1—2月在浅滩和岛屿附近结冰，若受冷东风控制，海峡会被冰层覆盖，靠破冰船破冰通航。海峡内潮差小于0.2米。海流一般为南流或北流，流速小于1节。表层流从波罗的海紧贴瑞典海岸向北流。

海峡两岸及波罗的海沿岸均为发达国家，航运繁忙，每日平均通过船舶有142艘。

海峡不仅在经济上具有重要意义，在军事上也具有重要意义。第二次世界大战期间此海峡一直被德国控制，战后，被北大西洋公约组织控制。此海峡是1986年美国海军宣布要控制的全球16个海上航道咽喉之一。

沿岸的主要港口有哥德堡，瑞典的第一大港。其他港口还有：东岸瑞典的法尔肯贝里和哈尔姆斯塔德，西岸有丹麦的霍森斯、奥尔堡、奥胡斯和菲特烈港等港口。奥胡斯是丹麦海军作战司令部驻地，菲特烈港是丹麦重要海军基地。

15. 厄勒海峡 Oresund Strait
——波罗的海诸海峡东口主航道

厄勒海峡又称"松德海峡"，位于瑞典西南岸和丹麦西兰岛之间，处于波罗的海诸海峡的东南部。大致呈南北走向，连接波罗的海和卡特加特海峡（见图26）。南北长110千米，宽4～28千米。表层流流向西北，流速1.2～3.5节。冬季结冰，靠破冰船维持航行。

海峡南口较宽，中部有丹麦的萨尔特岛，北部有瑞典的文岛，将海峡分割成东西两个水道，西水道较深，是主航道，也称德罗格登海峡。再向北有一瓶颈区，宽仅3.3千米。

厄勒海峡是丹麦和瑞典的领水，军舰通过海峡时，受国际公约和主权国颁布的

海峡航标灯	
峡　　名	厄勒海峡
位　　置	瑞典西南岸与丹麦西兰岛之间
峡岸国	瑞典、丹麦
沟通海域	波罗的海与北海
峡　　长	110千米
峡　　宽	4～28千米
水　　深	一般为12～28米
交　　通	波罗的海沿岸西出大西洋的咽喉
港　　口	丹麦的哥本哈根、赫尔辛格，瑞典的马尔默、赫尔辛堡
军事基地	哥本哈根、马尔默

法律管制。该海峡是卡特加特海峡以南诸海峡中的主要通道，是波罗的海沿岸各国西出大西洋的重要咽喉。历史上曾在此发生过海战。1801年，英国对法战争期间，英国舰队与丹麦舰队在海峡中部进行过海战，迫使丹麦支持英国对法作战。

沿岸多重要港市。西岸的哥本哈根是丹麦的首都、北欧最大城市、丹麦第一大港和重要海军基地。东岸的马尔默是瑞典的重要港市，建有海军基地。其他港口还有丹麦的赫尔辛格和瑞典的赫尔辛堡。赫尔辛格和赫尔辛堡之间，以及哥本哈根和马尔默之间都有火车轮渡。2000年7月建成的全球第十大桥厄勒海峡大桥（也称欧尔松大桥），连接哥本哈根和马尔默，全长16千米，由西侧的海底隧道、中间的人工岛和跨海大桥三部分组成。厄勒海峡大桥的通车，使瑞典和丹麦人民天堑变通途的梦想变成了现实。

16. 大贝尔特海峡　Great Belt
——波罗的海诸海峡东口最宽、最深的通道

海峡航标灯

峡　名	大贝尔特海峡
位　置	丹麦西兰岛与菲英岛之间
峡岸国	丹麦
沟通海域	波罗的海与北海
峡　长	120千米
峡　宽	11~25千米
水　深	25~60米
交　通	波罗的海西出大西洋的重要航道，两岸陆地之间建有公路、铁路桥隧系统
港　口	尼堡、欧登塞、科瑟和凯隆堡
军事基地	科瑟

大贝尔特海峡位于波罗的海诸海峡的南部，丹麦西兰岛和菲英岛之间（见图26）。南通波罗的海，北经卡特加特海峡和斯卡格拉克海峡通北海。海峡全为丹麦领水。

海峡南口西有朗厄兰岛，东有洛兰岛。出南口向南为基尔湾，可达基尔运河的东北口，向东有波罗的海至基尔运河的必经之路费马海峡。北口外有萨姆斯岛，萨姆斯岛与西兰岛之间的水域又称萨姆斯岛海峡。

该海峡是卡特加特海峡以南三条主要海峡中最宽、最深的通道。每年有近3万艘各类船只通过。南口和北口分别设有分道通航区，可通大吨位的船舶。以往在中

部尼堡和科瑟之间曾有火车轮渡。1997 年已建成大贝尔特海峡跨海桥隧系统。该系统 1988 年动工，建于西兰岛科瑟以北的海尔斯考与菲英岛尼堡北侧之间，以海峡中间的斯勃欧岛为枢纽。岛东因海水较深，在 40 米深处挖两条直径各为 8.5 米的双轨铁路隧道，长 8 千米，建一座高出水面 77 米、长 6.8 千米的当时世界最大的公路吊桥；岛西建一座高出水面 18 米、长 6.6 千米的铁路桥和一座与铁路桥平行的公路桥。该桥隧系统已于 1997 年和 1998 年分期通车。

严冬，大贝尔特海峡封冻，靠破冰船维持航行。

沿岸主要港口有：西岸菲英岛上的尼堡和欧登塞，东岸西兰岛上的科瑟和凯隆堡。科瑟建有丹麦的海军基地。

17. 小贝尔特海峡　Little Belt
——波罗的海诸海峡最狭窄的通道

小贝尔特海峡位于波罗的海诸海峡的西南部，菲英岛和日德兰半岛之间（见图 26）。海峡略呈西北—东南走向，中间宽两端窄。南口有阿尔斯岛和艾尔岛夹峙，两岛间宽约 12 千米，中部宽 29 千米，北端宽只有 640 米，航道十分狭窄，大型船舶航行困难。

海峡北接卡特加特海峡，南连基尔湾。基尔湾向东经费马海峡通波罗的海。冬季封冻，靠破冰船维持航行。

菲英岛西北端与日德兰半岛之间的最狭窄处有铁路、公路桥相连。

沿岸港口主要有北口附近的科灵和弗雷德里西亚。

海峡航标灯

峡　名	小贝尔特海峡
位　置	丹麦日德兰半岛与菲英岛之间
峡岸国	丹麦
沟通海域	波罗的海与北海
峡　长	125 千米
峡　宽	最窄处 640 米
水　深	7~80 米
交　通	航道狭窄，大船航行困难，北端狭窄处有铁路、公路桥相连
港　口	科灵和弗雷德里西亚

18. 伊尔贝海峡 Irbe Strait
——波罗的海东部的战略要地

峡　　名	伊尔贝海峡
位　　置	波罗的海东部,拉脱维亚西北海岸与爱沙尼亚萨雷马岛之间
峡岸国	拉脱维亚、爱沙尼亚
峡　　宽	最窄处约20千米
军事基地	拉脱维亚的里加和利耶帕亚

伊尔贝海峡[①]位于波罗的海东部,拉脱维亚西北海岸和爱沙尼亚的萨雷马岛之间。东临里加湾,西系波罗的海,是里加湾内各港的主要出海口。

由于北岸是萨雷马岛的一个狭长半岛的南端,故海峡的纵深很小,最窄处宽约20千米。海峡中少障碍物,通行条件良好。

该海峡为战略要地。第一次世界大战中,1915年6月,德国舰艇部队曾发动强渡伊尔贝海峡未获成功的海战。1917年,德军为攻击芬兰湾的俄军,企图先攻占伊尔贝海峡北侧的蒙群岛,派遣300余艘舰艇、2.3万人、94架飞机,从伊尔贝海峡和瑟拉海峡夹击蒙群岛,以消灭里加湾内的俄舰队。经过布雷、扫雷、登陆、抗登陆的激烈作战,德军以失败告终。

伊尔贝海峡附近曾是苏联波罗的海舰队的重要驻防区。现在海峡东西两侧有拉脱维亚的海军基地里加和利耶帕亚。随着1991年苏联解体、华约解散、北约东扩,该海峡已逐渐成为北大西洋公约组织的控制区。

19. 贝尔岛海峡 Strait of Belle Isle
——"美丽岛"海峡

贝尔岛海峡位于北大西洋西部,加拿大拉布拉多半岛东岸与纽芬兰岛之间。该海峡呈东北—西南走向。东北口接大西洋,西南口连圣劳伦斯湾,是圣劳伦斯湾的北部进出口。

海峡东北口有贝尔岛屏障。贝尔岛在法语中是"美丽的岛"的意思,1535年法国探险家雅克·卡蒂埃到此,并命名。他通过贝尔岛海峡证实

---

① 旧译为伊尔别海峡。

纽芬兰是一个岛屿。贝尔岛虽然面积仅28平方千米，但有丰富的铁矿资源。现岛上人口稠密，有定期轮渡同阿瓦隆半岛的葡萄牙港联系。

海峡西南口的圣劳伦斯湾是北美五大湖和圣劳伦斯河出海口，而北美五大湖和圣劳伦斯河流域是美国和加拿大两国经济发达的工业地带，沿湖、河有许多大城市和港口，如美国的密尔沃基、芝加哥、底特律、托莱多、克利夫兰和布法罗，加拿大的哈密尔顿、多伦多和蒙特利尔等。贝

海峡航标灯	
峡　名	贝尔岛海峡
位　置	加拿大拉布拉多半岛东岸与纽芬兰岛之间
峡岸国	加拿大
沟通海域	圣劳伦斯湾与大西洋
峡　长	145千米
峡　宽	16~27千米，北窄南宽
交　通	海峡西侧的圣劳伦斯湾西通美加之间的五大湖

尔岛海峡正是这些港市去欧洲的最短航线，使该海峡具有较大的航运价值。但是海峡地处高纬地区，气候寒冷，结冰期长，仅6—11月可通航。

20. 卡伯特海峡　Cabot Strait
——北美五大湖地区的"大门"

卡伯特海峡位于北大西洋西侧，加拿大东海岸新斯科舍省的布雷顿角岛的东北角与纽芬兰岛的西南角之间。呈西北—东南方向延伸（见图27）。西北临圣劳伦斯湾，东南连大西洋。最狭窄处在布雷顿角岛的东北角和纽芬兰岛的西南角之间，宽50千米，最大深度529米，是一个宽而深的海峡。

图27　卡伯特海峡

峡　　名	卡伯特海峡
位　　置	加拿大东岸新斯科舍省与纽芬兰岛之间
峡岸国	加拿大
沟通海域	圣劳伦斯湾与大西洋
峡　　长	90千米
峡　　宽	50千米
水　　深	最浅380米,最深529米
军事基地	圣约翰斯、哈利法克斯

海峡两岸的新斯科舍省和纽芬兰岛都是加拿大经济比较发达的地区。西北侧的圣劳伦斯湾、北美五大湖地区和圣劳伦斯河沿岸都是北美经济最发达的地区,有许多大型港市,如美国的密尔沃基、芝加哥、底特律、托莱多、克利夫兰和布法罗,加拿大的哈密尔顿、多伦多、蒙特利尔和魁北克等。该海峡是该地区各港市东出大西洋,前往北美东岸其他地区和欧洲的主要航道。

海峡附近海军基地有纽芬兰岛东南端的圣约翰斯和新斯科舍半岛上的哈利法克斯(加拿大大西洋舰队驻地)。

21. 佛罗里达海峡 Straits of Florida
——美国南海岸上的主要通道

佛罗里达海峡位于北大西洋西部,北美佛罗里达半岛与古巴岛、巴哈马群岛之间。呈北—南—西南方向弧形延伸(见图28)。最窄处在迈阿密与南比米尼岛之间,宽约80千米。以西北侧的佛罗里达半岛和佛罗里达群岛得名。

图 28　佛罗里达海峡

海峡大致可分为两段：北段呈南北方向延伸，北口直接通大西洋，西岸为美国佛罗里达半岛的东岸。沿岸陆地低平，岸边多沙洲和潟湖。200米等深线离岸约10～30千米。北口东侧有大巴哈马岛和小巴哈马浅滩。珊瑚浅滩上，除大巴哈马岛外，还有众多的小珊瑚岛。北段东侧为大巴哈马浅滩，也为珊瑚浅滩，上有安德罗斯岛，临海峡航道边则有大艾萨克岛、北比米尼岛、南比米尼岛、卡特群岛、布朗斯岛和奥兰治岛等珊瑚小岛。浅滩水深大部分为2～10米。大、小巴哈马浅滩为巴哈马群岛的西缘。两浅滩之间为佛罗里达海峡通往大西洋的呈西北—东南走向的普罗维登斯西北海峡和普罗维登斯东北海峡。海峡南段略呈东西走向，与北段连接处呈弧形。其东南方有萨尔岛浅滩，浅滩水深不足200米，分布有萨尔岛等众多的珊瑚岛礁。浅滩东侧为圣塔伦海峡，南侧为尼古拉斯海峡。两海峡在浅滩东南方汇合后称旧巴哈马海峡，也可通大西洋。南段北侧为佛罗里达群岛。群岛为断续延伸约320千米的弧形珊瑚岛群，岛间有42座桥梁相连，公路从西南端的基韦斯特直达迈阿密。南岸为古巴岛西部的北海岸，为沉降型海岸。岸上有海拔500米的低山逼近海岸，海岸异常曲折陡峻，多优良港湾。岸边有众多的岛屿、礁石，构成天然屏障。海峡西南口与墨西哥湾相连。

海峡是一条沿佛罗里达半岛东南延伸的弧形深水海槽。北部深500～600米，中部深800余米，南部逐渐加深，进入水深超过1 000米的盆地，西部逾2 000米，最

海峡航标灯	
峡　名	佛罗里达海峡
位　置	佛罗里达半岛与古巴岛、巴哈马群岛之间
峡岸国	美国、古巴、巴哈马
沟通海域	墨西哥湾与大西洋
峡　长	560千米
峡　宽	80～240千米
水　深	中部深水带500～1 000米
气　候	热带海洋性气候，温暖湿润
交　通	美国南岸和墨西哥东岸东出北大西洋的主要航线
港　口	哈瓦那
军事基地	美国的基韦斯特海军基地，卡纳维拉尔角空军基地，古巴的哈瓦那海空军基地

● 卡纳维拉尔角

位于海峡北口西北方，1948年成为美国导弹试验场，1958年美第一颗人造卫星在此升空。1969年第一次登月宇宙飞船和1981年第一架航天飞机在此发射。

深达 2 042 米。

海峡地区属热带海洋性气候，气候温暖湿润，年均气温约 25℃，夏季约 28℃，冬季约 22℃。在冷空气侵入时，气温最低可下降至 0℃ 以下。夏末秋初（一般为 6—10 月），常有西印度飓风侵袭，从而威胁航行。如 1992 年 8 月的安德鲁飓风时速达 240 千米，虽有准确预报，但佛罗里达沿岸仍有大量房屋被毁，死伤数百人。年降水量 1 000 ~ 1 400 毫米。表层水温：夏季 28 ~ 29℃，冬季 24 ~ 25℃。表层盐度 36.0‰ ~ 36.5‰。安的列斯暖流和加勒比暖流汇入墨西哥湾后，形成墨西哥湾流，沿海峡向北流去。墨西哥湾流是世界上最强大的海流，宽 75 千米，厚度约 700 ~ 800 米，流速最大可达 5 节。水温 25 ~ 26℃，盐度 36.2‰ ~ 36.4‰。出海峡至北纬 40° 附近，海水在西风带作用下向东流，成为对北大西洋和欧洲产生重大影响的北大西洋暖流。

佛罗里达海峡曾是欧洲殖民者掠夺美洲财富的重要通道，附近区域曾成为列强争夺的要地。16 世纪初，西班牙通过海峡进犯墨西哥，占领古巴，侵占佛罗里达半岛，统治期近 3 个世纪。1762 年，英国和西班牙为争夺古巴，曾在海峡附近交战。1763—1782 年英国也曾占领佛罗里达半岛。1821 年后佛罗里达半岛才脱离西班牙。1898 年美西战争后，古巴又被美国占领，直至 1959 年古巴才正式独立。

美国独立后，海峡逐渐成为美国本土南部沿岸对外贸易的主要海上交通线。海峡是墨西哥湾沿岸各港口的东方门户，也是出入大西洋的交通要冲。海峡出大西洋有三条航路：一是从北口直接出大西洋；二是从东部经普罗维登斯西北海峡和普罗维登斯东北海峡出大西洋；三是从东南部经圣塔伦海峡或尼古拉斯海峡沿古巴岛和巴哈马群岛之间的水道出大西洋。此航道东头还可从向风海峡或莫纳海峡等出口前往加勒比海。巴拿马运河通航后，佛罗里达海峡—墨西哥湾—尤卡坦海峡—加勒比海—巴拿马运河航线更成为北美最重要的航道之一。墨西哥湾发现和开采石油后，佛罗里达海峡更加繁忙，成为北美重要的航运要冲和战略要地，为 1986 年美国海军宣布要控制的全球 16 个海上航运咽喉之一。

海峡沿岸多军事要地和港口。基韦斯特是美国重要的海军基地，扼海峡西口，南距古巴哈瓦那仅 166 千米。卡纳维拉尔角是美国重要的空军基地。哈瓦那为古巴首都，西印度群岛最大城市，古巴最大港口和海、空军基地。迈阿密为美国重要的海港和海军基地，也是美国最大的客运港所在地，其国际机场有"美洲空中枢纽"之称。

22. 尤卡坦海峡 Yucatan Channel
——墨西哥湾至加勒比海的航路捷径

尤卡坦海峡位于北大西洋西部，是连接墨西哥湾和加勒比海的海峡，在墨西哥尤卡坦半岛的卡托切角和古巴岛的圣安东尼奥角之间（见图29）。据传说，1517年西班牙探险者在此登陆时，问当地人这是什么地方，对方答："你说什么（yucatán）？"他误以为这是地名。于是该地以后就叫尤卡坦半岛，而此海峡也就根据半岛名叫作尤卡坦海峡。

尤卡坦半岛为石灰质台地，地势低平。半岛上有大量印第安人玛雅文化遗迹。岸外有许多带状珊瑚岛礁，其中有孔托伊岛、布兰卡岛、穆赫雷斯岛和坎昆岛等岛屿。

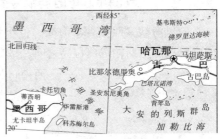

图 29　尤卡坦海峡

海峡北浅南深。西侧尤卡坦半岛海岸和岸外岛屿之间水深浅于10米，岛屿向外逐渐加深，最深2 119米。东侧海岸的圣安东尼奥角是古巴西部的奥尔加诺斯山麓平原的延伸部分，角北有瓜纳阿卡维韦斯湾。湾内水深不足10米；角的南岸陡深，500米等深线贴近海岸。

加勒比海暖流从东南通过海峡进入墨西哥湾，表层平均流速0.8节，西岸半岛附近沿岸为2节，夏季最强时超过4节。

海峡附近助航设备完善。西岸卡托切角上有一座高15米的白色混凝土塔身的灯塔，东岸圣安东尼奥角有一黄色塔形灯标，

海峡航标灯

峡　名	尤卡坦海峡
位　置	墨西哥尤卡坦半岛和古巴岛之间
峡岸国	墨西哥、古巴
沟通海域	墨西哥湾与加勒比海
峡　长	217千米
峡　宽	216千米
交　通	墨西哥湾沿岸和美国东南部港口前往巴拿马运河的捷径

高 31 米，灯光射程可达 40 海里。塔旁设有无线电指向标。

海峡是墨西哥湾沿岸各港和美国东岸南部港口前往巴拿马运河的捷径，如迈阿密港到巴拿马运河，而墨西哥湾及附近港口众多，使海峡的航运价值显著提升。墨西哥湾及附近的主要港口有：美国的新奥尔良、休斯敦、科珀斯克里斯蒂和新彼得斯堡，墨西哥的坦皮科和夸察夸尔科斯，古巴的哈瓦那等。其中新奥尔良（年吞吐量近 3.36 亿吨，2015 年）和休斯敦（年吞吐量 2 亿多吨，2013 年）为世界大型港口。海峡附近的海军基地有美国的基韦斯特，古巴的哈瓦那，墨西哥的卡门城和切图马尔等。

23. 向风海峡　Windward Passage
——加勒比海诸海峡中最重要的航路

向风海峡又叫爱德华海峡，位于北大西洋西部大安的列斯群岛中部的古巴岛和伊斯帕尼奥拉岛之间。呈东北—西南走向。东北口连大西洋，西南口接加勒比海，口外有牙买加岛。牙买加岛与伊斯帕尼奥拉岛之间为牙买加海峡，是向风海峡向南的延伸。海峡长 237 千米，最窄处在古巴岛东端的迈西角和海地西北半岛的富角之间，宽约 83 千米。海峡北侧有巴哈马群岛，东侧为伊斯帕尼奥拉岛西部的海地，岸边有戈纳夫湾，西侧是古巴岛，岛的南岸有关塔那摩湾，西南侧是牙买加。中部有深于 2 000 米的深水区，是开曼海沟向东的延伸部分，最大水深 3 862 米。

海峡地处赤道与北回归线之间，属热带海洋性气候。年均气温 25～26℃。7—11 月为飓风期，常使沿岸造成自然灾害。6—11 月为雨季，年均降水量 2 000 毫米。平均水温：夏季 28℃，冬季 24℃。安的

海峡航标灯	
峡　名	向风海峡
位　置	古巴岛与伊斯帕尼奥拉岛之间
峡岸国	古巴、海地
沟通海域	加勒比海与大西洋
峡　长	237 千米
峡　宽	83 千米
水　深	中部深于 2 000 米
气　候	热带海洋性气候
交　通	北大西洋前往巴拿马运河的捷径
港　口	海地的太子港、戈纳伊夫、热雷米，古巴的关塔那摩
军事基地	美国在古巴关塔那摩湾建有海军基地

列斯暖流的分支，从东向西经海峡进入加勒比海，表层流速 0.8 节。气象条件和海流对海峡航行影响很大。两侧沿岸附近潮流很强且不规律。

海峡附近资源丰富。沿岸盛产甘蔗、咖啡、可可、香蕉和剑麻，有铁、铜、镍、石油和铝土等矿，附近海域产金枪鱼等水产品。

向风海峡曾是欧洲殖民者向美洲扩张、掠夺的通道。1492 年哥伦布率船队经海峡到达附近各岛。1914 年巴拿马运河通航后，向风海峡等海峡和巴拿马运河沟通了大西洋和太平洋的航路，大大缩短了两洋航线。现有多条航线经过该海峡。在加勒比海诸海峡中，向风海峡最重要，因为它处在美国东海岸北段各港（如纽约、诺福克等）和加拿大大西洋沿岸各港至巴拿马运河的最近航线上。该海峡年通过的货运量美国居首，通过的军舰全部是美国的。沿岸港口有东岸海地的太子港、戈纳伊夫和热雷米，西岸古巴的关塔那摩等。目前，美国在关塔那摩湾建有大量的军事设施，是美国控制向风海峡乃至加勒比海地区重要的海军基地。

24. 莫纳海峡　Mona Passage
——大西洋至巴拿马运河的航运要冲

莫纳海峡位于北大西洋西部，大安的列斯群岛东部的伊斯帕尼奥拉岛与波多黎各岛之间，因海峡南口中部有莫纳岛而得名。略呈东北—西南走向，东北连大西洋，西南接加勒比海，是北大西洋入加勒比海、至巴拿马运河的航运要冲。

海峡纵深较短，仅 60 千米，宽 115 千米，深度较大，南北两口均为深水区，最深达 2 498 米。莫纳岛将海峡分为东、西两条水道。西水道较深，为主航道。

海峡航标灯	
峡　　名	莫纳海峡
位　　置	北大西洋西部，伊斯帕尼奥拉岛与波多黎各岛之间
峡岸国	多米尼加、波多黎各(美)
峡　　长	60 千米
峡　　宽	115 千米
水　　深	最深达 2 498 米
气　　候	热带海洋性气候
交　　通	美国东岸到巴拿马运河的重要航道，更是西欧前往巴拿马运河的首选航线
军事基地	莫纳岛建有美军导弹基地

---

① 信风。在赤道两边的低层大气中，北半球吹东北风，南半球吹东南风，这种风的方向很少改变，叫作信风。古代通商，在海上航行时主要借助信风，因此又叫作贸易风。

　　沿岸资源丰富，盛产咖啡、可可、甘蔗、香蕉和剑麻，有铜、铁、镍和铝土等矿，附近海域出产金枪鱼等海产品。

　　海峡地处赤道和北回归线之间，属热带海洋性气候。年平均气温：$25\sim26℃$。7—11月盛行飓风，常造成严重灾害。年平均降水量2 000毫米以上，降水多集中在6—11月。平均水温：夏季28℃，冬季约24℃。安的列斯暖流的分支，自东向西经海峡入加勒比海，表层流速约0.8节。冬季海峡中部海流流向西南，有时也流向北和西北。两侧流速$1\sim1.5$节。夏季贸易风[1]减弱，偏东风较多时，有一股向北流。涨潮流偏向南，落潮流偏向北，流速约1节。海流和潮流的合成流流速很大，在恩尼加奥角南侧附近，5月达3.5节。

　　莫纳海峡曾是欧洲殖民者向美洲扩张、掠夺的通道。1914年巴拿马运河通航后，莫纳海峡等海峡和巴拿马运河沟通了大西洋和太平洋的航路，大大缩短了两洋的航线，便利了世界海上交通。从美国东海岸至巴拿马运河口，走莫纳海峡比走向风海峡远。但向风海峡北侧有巴哈马群岛阻隔，航线曲折，而莫纳海峡南北两口均为广阔无岛礁的深海，航行安全。故莫纳海峡仍为美国东岸到巴拿马运河的重要航道，更是西欧各港至巴拿马运河航线的首选航道。

　　海峡西侧是多米尼加共和国，东侧是美国的"自由联邦"波多黎各。沿岸港口有多米尼加南岸的圣多明各、波多黎各的马亚圭斯港。海峡中间的莫纳岛是一个石灰岩高岛，长约9.7千米，宽6.4千米，面积51.8平方千米。岛上多钟乳石洞穴和陡岸峭壁，植物稀少，有良好的海滩和钓鱼场，海滩上建有供游人休憩的小屋。岛上建有美军导弹基地，无永久性居民。

五、北冰洋主要海峡

　　北冰洋是海峡最少的大洋。由于气候寒冷，沿岸经济和航海业不够发达，在交通和战略上重要的海峡不多。

1. 戴维斯海峡 Davis Strait
——北冰洋最长的海峡

戴维斯海峡位于北大西洋西北方，是北冰洋的属峡。在格陵兰岛和巴芬岛之间，略呈西北—东南走向（见图30）。东南口以格陵兰岛南海岸向西到加拿大拉布拉多北海岸的北纬60°纬线为界，连大西洋；西北口以巴芬岛东海岸向东至格陵兰岛西海岸的北纬70°纬线为界，接巴芬湾。其实巴芬湾的最大宽度小于戴维斯海峡的最大宽度。巴芬湾向北为格陵兰岛和埃尔斯米尔岛之间的史密斯海峡和罗伯逊海峡。自戴维斯海峡东南口经该海峡和巴芬湾、史密斯海峡、罗伯逊海峡为大西洋通北冰洋的系列海峡。

图30 戴维斯海峡

英国在1576年开始探索从北大西洋绕过美洲北岸进入太平洋的"西北航道"。戴维斯于1585—1587年先后三次向西北海域进行探索而

发现此海峡。

戴维斯海峡长 1 000 千米，是北冰洋水域最长的海峡。峡区位于高纬地区，北部在北极圈内，气候寒冷。南口附近 7 月平均气温也仅 7～10℃。拉布拉多寒流夹带冰块沿巴芬岛东岸南流；西格陵兰暖流沿格陵兰岛西岸北流。来自格陵兰岛上巨大冰帽的冰河运动不断将冰山送入海峡中，影响航行。主要航线靠近格陵兰水域，通航季节自仲夏至秋末。但每年可通航时间变化很大。

峡　名	戴维斯海峡
位　置	格陵兰岛与巴芬岛之间
峡岸国	加拿大、丹麦（格陵兰岛）
沟通海域	巴芬湾（北冰洋）与大西洋
峡　长	1 000 千米
峡　宽	320～640 千米
水　深	较深，最深达 3 407 米
气　候	寒冷，格陵兰冰山常进入海峡中
交　通	北大西洋绕过北美航道进入太平洋的重要航道

海峡东岸的格陵兰是世界第一大岛，大部被厚冰覆盖。海岸曲折多峡湾。海峡东岸的主要港口有：努克（戈特霍布），为格陵兰首府、最大城市，郊外有机场；帕米尤特（腓特烈斯霍布），居民以捕鱼、猎海豹和养羊为主；荷尔斯泰因斯堡，渔港，有造船厂和鱼类加工厂。海峡西岸的巴芬岛是世界第五大岛，大部为山地和高原，冰川广布，海岸曲折多峡湾，较大的有坎伯兰湾，长 272 千米，宽 160 千米；弗罗比舍湾，长 240 千米，宽 30～40 千米，最深处为 120 米。该湾顶端的弗罗比舍村，第二次世界大战期间曾为空军基地，后为远距离预警线的建设营地，现为全岛行政中心。

戴维斯海峡是北大西洋向北绕过美洲北部，再经白令海峡进入太平洋的重要航道，也曾是前苏联时期的北方舰队潜艇部队由巴伦支海进入大西洋的一条新路，曾对西方世界的北翼造成威胁。

2. 哈得孙海峡　Hudson Strait
——加拿大哈得孙湾的主出口

哈得孙海峡为北冰洋属峡，位于加拿大东北岸拉布拉多半岛与巴芬岛之间。

海峡略呈西北—东南走向。东南口以拉布拉多东北端的奇德利角与

巴芬岛东南端的雷索卢申
岛南角的连线为界，向北
为戴维斯海峡，向南为拉
布拉多海，出海入大西洋。
西北口以加拿大魁北克省
北端纽武克角与南安普敦
岛东南端的莱松角连线接
哈得孙湾；以南安普敦岛
的锡豪斯角与巴芬岛西端
的劳埃德角连线接福克斯

加拿大东海岸的港口

湾。其中巴芬岛与南安普敦岛和诺丁汉岛
之间又称为福克斯海峡。

　　海峡以1610年英国探险家哈得孙驾船
通过海峡而得名。

　　海峡东口北侧有雷索卢申岛，西口有
诺丁汉岛，海岸曲折，南岸有昂加瓦湾。

　　哈得孙海峡是加拿大哈得孙湾沿岸各
港（如丘吉尔港、科勒尔港等）的主要出
海口，也是从大西洋进入加拿大西北地区
的重要海上通道，因而具有一定的航运价
值。

　　海峡地处北纬60°以北的高纬地区，
气候严寒，大部分时间封冻，仅夏末秋初
开冻，但一年中大部分时间可用破冰船维
持通航。

海峡航标灯

峡　　名	哈得孙海峡
位　　置	加拿大拉布拉多半岛与巴芬岛之间
峡岸国	加拿大
沟通海域	哈得孙湾与拉布拉多海（大西洋）
峡　　长	约724千米
峡　　宽	64～241千米
水　　深	942米
交　　通	加拿大哈得孙湾沿岸各港出大西洋的通道
港　　口	新魁北克港、伯韦尔港和莱克港

　　沿岸有几个小港口：南岸有昂加瓦湾中的新魁北克港和东口的伯韦
尔港，北岸有巴芬岛上的莱克港。

3. 史密斯海峡 Smith Sound、
罗伯逊海峡 Robeson Channel
——离北极最近的海峡

史密斯海峡和罗伯逊海峡是北冰洋属峡，位于加拿大埃尔斯米尔岛和格陵兰岛之间。海峡略呈西南—东北方向延伸。

冰山与海

史密斯海峡位于埃尔斯米尔岛南部东岸与格陵兰岛的海斯半岛之间。南连巴芬湾，经巴芬湾可通戴维斯海峡，入大西洋。北接较宽阔的海盆，过海盆经罗伯逊海峡通北冰洋的林肯海。

罗伯逊海峡位于加拿大埃尔斯米尔岛东岸与格陵兰岛西北岸之间。东北连林肯海，西南接较宽阔的海盆，过海盆连史密斯海峡，通巴芬湾，再经戴维斯海峡入大西洋。

史密斯海峡和罗伯逊海峡是大西洋—戴维斯海峡—巴芬湾—林肯海—北冰洋航线的组成部分，夏季可短期通航。

罗伯逊海峡北口西岸有阿勒特居民地，是世界上离北极最近的居民点。史密斯海峡东岸有伊塔和图勒居民点。图勒以南4 000米处建有美国B-52战略轰炸机基地。该基地是北极地区最大的空军基地，内设弹道导弹预警系统的雷达站。

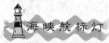
海峡航标灯

峡　　名	史密斯海峡、罗伯逊海峡
位　　置	格陵兰岛与埃尔斯米尔岛之间
峡岸国	加拿大、丹麦（格陵兰岛）
沟通海域	巴芬湾、拉布拉多海（大西洋）与北冰洋
峡　　长	史密斯海峡88.5千米，罗伯逊海峡80千米
峡　　宽	史密斯海峡48~72千米，罗伯逊海峡18~29千米
军事基地	图勒

4．兰开斯特海峡 Lancaster Sound、梅尔维尔子爵海峡 Viscount Melville Sound 和麦克卢尔海峡 M'Clure Strait
——"西北航道"

兰开斯特海峡、梅尔维尔子爵海峡和麦克卢尔海峡都是北冰洋属峡，位于加拿大北极群岛中部，南为群岛中几个大岛，北为帕里群岛。

兰开斯特海峡位于巴芬岛和萨默塞特岛的北岸与德文岛南岸之间，东西向长 320 千米，南北宽 64 千米。东连巴芬湾，由巴芬湾南下可经戴维斯海峡通大西洋，北上经史密斯海峡和罗伯逊海峡可通北冰洋。西接梅尔维尔子爵海峡。

梅尔维尔子爵海峡位于维多利亚岛和威尔士亲王岛北岸与梅尔维尔岛、巴瑟斯特岛和康沃利斯岛的南岸之间，东西向长 400 千米，宽 160 千米。东连兰开斯特海峡，西接麦克卢尔海峡。帕尔里于 1819—1820 年从东部前往，麦克卢尔于 1850—1854 年从西部前往发现该海峡，从而证实西北航路的存在。天气条件良好时可以通航。

麦克卢尔海峡位于班克斯岛北岸与梅尔维尔岛和帕特里克王子岛南岸之间，以曾通过此海峡的英国探险家麦克卢尔名字命名。海峡略呈东南—西北走向，长 270 千米，宽 97 千米。海峡东连梅尔维尔子爵海峡，西接波弗特海。1969 年美国破冰船"曼哈顿"号曾到此，试图在阿拉斯加油田与北美东岸之间开辟一条商业性航路。但因该海峡全部被冰封堵而被迫离开。沿岸有兰开斯特海峡南岸的北极湾

海峡航标灯

峡　名	兰开斯特海峡、梅尔维尔子爵海峡、麦克卢尔海峡
峡岸国	加拿大
沟通海域	巴芬湾、拉布拉多海(大西洋)与波弗特海
峡　长	兰开斯特海峡322千米，梅尔维尔子爵海峡400千米，麦克卢尔海峡274千米
峡　宽	兰开斯特海峡64千米，梅尔维尔子爵海峡161千米，麦克卢尔海峡97千米
气　候	严寒，长期封冻
交　通	西方探险家长期寻找的"西北航路"(由大西洋经美洲北岸到太平洋的航路)

城、康沃利斯岛南岸的雷索卢特等居民地。

兰开斯特海峡、梅尔维尔子爵海峡和麦克卢尔海峡，是加拿大北极群岛间一条宽阔的航道，为西方探险家长期寻找过的"西北航道"——由大西洋经美洲北岸到太平洋的航路。该航道地处高纬地区的严寒地带，长期封冻，但随着科学技术和航海事业的发展，将有可能成为一条重要的商业航道，具有潜在的经济价值。

当前国际观点认为全球气候会变暖，"西北航道"的通航时间可能会延长。如果此观点被证实，"西北航道"将成为北大西洋和北太平洋间的重要航道。

5. 维利基茨基海峡 Proliv Vil'kitskogo
——俄罗斯"北方航线"通道的"阀门"

维利基茨基海峡是北冰洋海峡，位于俄罗斯北岸泰梅尔半岛与北地群岛之间，沟通西侧的喀拉海和东侧的拉普捷夫海。

海峡地处北纬 78° 以北，气候寒冷。北侧的北地群岛位于永冰界内，常年为冰雪覆盖。南岸冬季结冰，夏季多浮冰。当时的苏联经过多年的勘察和探索，于 1932 年开辟了从摩尔曼斯克经本国海岸（今俄罗斯北岸）过白令海峡到符拉迪沃斯托克（海参崴）的"北方航线"。起初，每年可通航 4 个月，后动用了"北极"型核动力破冰船，通航时间延长至 5~6.5 个月。该航线的利用，在经济上加强俄欧洲经济发达区和西伯利亚有待进一步开发区之间的联系，在军事上加强西部的北方舰队和东部的太平洋舰队之间的联系，均具有重要意义。随着国际上"全球变暖"理论的热传，此航道有可能延长通航时间。因此，它有可能成为北大西洋至北太平洋的捷径航道，对俄罗斯北极地区的开

峡　名	维利基茨基海峡
位　置	俄罗斯北岸，泰梅尔半岛与北地群岛之间
峡岸国	俄罗斯
沟通海域	喀拉海与拉普捷夫海
峡　长	130千米
峡　宽	最窄处56千米
水　深	最深210米，最浅92米
气　候	寒冷
交　通	为俄罗斯摩尔曼斯克前往太平洋沿岸的必经航路——"北方航线"的一部分

发尤为有利。

维利基茨基海峡是这条航线的一部分，而且是最靠北的部分，将是维持该航线通航最关键的区段。

6. 喀拉海峡 Proliv Karskiye Vorota
——俄罗斯"北方航线"全年可通航的"咽喉"

喀拉海峡是北冰洋海峡，位于俄罗斯北冰洋沿岸瓦伊加奇岛与新地岛之间。呈东北—西南走向（见图31）。两岛临海峡部位均很狭窄，因而纵深很小，长仅50千米，最窄处宽15千米。

图31 喀拉海峡

海峡东北连喀拉海，西南接巴伦支海。

海峡位于北纬70°纬线以北，气候严寒。由于受北大西洋暖流的支流挪威暖流的影响，巴伦支海西南部常年不冻，南部水域的冰期也较短，喀拉海也全年可通航。喀拉海峡是"北方航线"的组成部分，而且西侧的巴伦支海和东侧的喀拉海全年可以通航；北部的新地岛有北极特有的动物北极狐、海豹、海象等；巴伦支海和喀拉海富有石油和天然气资源，有待开发，该海峡的利用潜力很大。

海峡航标灯	
峡　名	喀拉海峡
位　置	俄罗斯北冰洋沿岸，瓦伊加奇岛与新地岛之间
峡岸国	俄罗斯
沟通海域	喀拉海与巴伦支海
峡　长	50千米
峡　宽	最窄处15千米
水　深	最深200米，最浅50米
气　候	严寒
交　通	全年可通航，为俄罗斯摩尔曼斯克前往太平洋沿岸的必经航路——"北方航线"的一部分

六、主要通海运河

1. 巴拿马运河 Can.de Panamá
——"水桥""地峡生命线"

巴拿马运河是世界最著名的运河之一，位于南北美洲之间的蜂腰地带，横贯巴拿马地峡。呈东南—西北走向，东南起自太平洋巴拿马湾的巴尔博亚港，西北止于大西洋加勒比海的克里斯托瓦尔港（见图 32）。由于运河中段加通湖水面高出海面约 26 米，船舶过河先要在一端经船闸提升 26 米，再到另一端船闸下降 26 米，过河如同通过一座高架的桥。因而，巴拿马运河有"水桥"之称。运河可通航 6 万吨级以下船只，昼夜通行能力最多可达 48 艘。

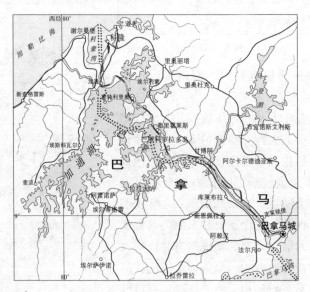

图 32　巴拿马运河

船只通过运河航行的情况比较复杂。以太平洋前往大西洋为例：首先驶进长约 13 千米、宽 152 米、水深 13.7 米的巴拿马湾深水航道，此航道由巴尔博亚港外航道和内航道组成，外航道长 7.8 千米，内航道长 5.2 千米。再通过由二级船闸组成的米拉弗洛雷斯船闸，水位升高 16.5 米，进入长 1.6 千米的米拉弗洛雷斯湖航道，经佩德罗·米格尔船闸，水位升至海拔 26 米，驶入盖拉特水道，即工程最艰巨、形势最险要、开凿于分水岭库莱布拉山的航道。此航道长 13 千米，宽 152 米，水深 13.7 米。再航至甘博阿进入加通湖。然后经过由三级船闸组成的加通船闸，水位降至大西洋海平面，最后是长 12 千米、宽 150 米、水深 12.6 米的利蒙湾深水航道，可驶入克里斯托瓦尔港、科隆港或直接进入大西洋的加勒比海。运河的三道船闸闸室，每个长 304.8 米，宽 33.5 米，高 25 米，各级船闸均为双通对开闸门。每扇门厚 2.5 米、高 25 米，重达 690 吨。过船闸的船只最长不超过 289.6 米，宽不逾 32.3 米，吃水小于 10.8 米。运河区内实行强制引航，两岸装有强光照明灯，可 24 小时通航。最大航速限制为 6～18 节，每次通过运河约需 8 小时，加上编组等候时间，共约需 15 个小时。

　　南北美洲成陆时，巴拿马地峡地区还是一个沟通大西洋和太平洋的海峡。后经海底大规模的火山爆发，大量喷发物逐渐堆积在海底，使海峡变成地峡，并经数次

海峡航标灯	
峡　　名	巴拿马运河
位　　置	南北美洲之间的蜂腰地带——巴拿马地峡
峡岸国	巴拿马
沟通海域	太平洋与大西洋
长　　度	总长 81.3 千米，陆地部分长 68 千米
宽　　度	150～304 米
水　　深	12.6～26.5 米
气　　候	湿热
交　　通	太平洋至北大西洋的捷径，昼夜通行能力最多可达 48 艘。货运量占世界货运量的 5%，与绕道麦哲伦海峡相比，可节省航程：纽约到圣弗朗西斯科航程 14 581 千米，纽约到横滨航程 6 978 千米，利物浦到圣弗朗西斯科航程 10 493 千米
军事基地	共有 14 处，主要有：太平洋沿岸的阿马多堡、巴尔博亚、罗德曼海军基地，克莱顿堡陆军基地，霍华德、阿尔布鲁克空军基地；大西洋沿岸的加莱塔岛海军基地，谢尔曼堡陆军基地，科科索洛空军基地

升降，成现在的运河地区地形，为南北美洲架起一座陆桥，但又给大西洋和太平洋筑起一座阻挡水路交通的堤坝。

巴拿马地处热带，西北濒大西洋，东南临太平洋。气候湿热，气温20～35℃，5—10月为雨季，年平均降水量3 000～5 000毫米。多东北风，平均风力3级。潮汐：太平洋一侧为半日潮，最大潮差达6米以上，大西洋一侧不规则，平均潮差小于0.3米。

1501年，西班牙人巴斯蒂达斯船长首次来到该地区（今科隆）。1513年，西班牙殖民者首次从大西洋沿岸穿过巴拿马地峡到达太平洋沿岸，找到了两洋交通的捷径。1519年，西班牙殖民者又在地峡地区修筑了道路，使其成为长达3个世纪殖民掠夺的交通枢纽。1520年，西班牙国王就曾下令研究在此开凿运河的可能性，直到1880年，法国乘英美激烈争夺之机，从当时统辖巴拿马的大哥伦比亚联邦取得开凿运河权。1881年3月破土动工，但由于工程艰巨，完成1/3后，于1900年停工。美国利用法国运河公司破产的机会，以4 000万美元廉价收购了法国公司的全部财产，并支持巴拿马脱离大哥伦比亚独立。1903年，签订了《美巴条约》，以一次性交付1 000万美元和1912年起每年交付25万美元租金的代价，取得了运河区的"永久使用、占领和控制权"。巴拿马运河1904年开始动工，1914年首次通航，1920年正式通航。运河的开凿是一项极其艰巨的工程。海峡的分水岭处是一座库莱布拉山，通过该删挖成的底宽100米，长13千米的巷道，土石方每天用75列火车运输。中间的加通湖是拦蓄格雷斯河而成的，是运河的主要河段。湖水的蒸发和开闸的流失，难以保持水位。船只通过一次运河需要的水量相当于一座35万人口城市一天的用水量。为此又在恰格雷斯河上游建成一座马登湖，用以调节运河的水位。工程总土方达1.8亿立方米，是苏伊士运河土方量的2.4倍。运河工程不仅艰巨浩大，而且劳动条件恶劣。区域内为毒蛇猛兽出没的原始森林、热带沼泽、深山峡谷，并经常有倾盆大雨，加之粮食供应不足，医疗条件差，10年间死亡劳工6.7万人。

尽管通过运河的时间较长，但它却大大缩短了两洋之间的航道。与绕道麦哲伦海峡相比，从美国大西洋沿岸的纽约到太平洋沿岸的圣弗朗西斯科（旧金山），缩短航程14581千米；从纽约到日本的横滨，缩短航程 6 978 千米；从英国利物浦到圣弗朗西斯科，缩短航程 10 493 千米等。

过往运河船只的运量约占世界海运货物运量的 5%，通过的物资一半为石油、粮食、煤、汽车等。在国际航运中发挥了重大的作用。约有 60 个国家使用该运河，其中美国居首位，其次是日本、中国、韩国、德国，南美一些国家也是运河的重要用户。

美国从巴拿马运河可获取巨大的经济利益。据统计，经运河从大西洋运到太平洋的贸易中几乎有 2/3 的货物来自美国。从 1960 年到 1970 年间，美国东西岸之间的贸易由于缩短航程节约的费用约达 50 亿美元。1970 到 1976 年的 7 年中，美国征收通行费高达 15 亿美元，而同期支付给巴拿马的"租金"却只有 1 350 万美元，不到收入的 1%。运河在美国军事战略中也具有重要作用。首先便利了美国两洋舰队的联系和调动。1898 年开始的美西战争期间，美国军舰"俄勒冈"号从美国西海岸绕道南美洲南端，经过 66 天，航行 21 500 千米，才到达古巴；而 1938 年，美国两洋舰队举行一次演习，全部舰队只用 2 天就通过巴拿马运河。第二次世界大战时，通过巴拿马运河的美国军舰达 13 800 艘次。1962 年，美国与苏联对抗的"加勒比危机"中，美太平洋舰队迅速通过巴拿马运河，驶往加勒比海，参加封锁古巴的军事行动。美国侵越期间，每天均有一艘美国军舰通过巴拿马运河。美国为了确保这条被称为"地峡生命线"的畅通，设立了从运河中心线向两侧各 16.09 千米、面积为 1 432 平方千米的"运河区"。在运河区内，先成立美军"加勒比海军司令部"，1963 年又扩大为"南方司令部"。共设有 14 处军事基地，3 所军事院校。主要基地有靠太平洋沿岸的阿马多堡、巴尔博亚、罗德曼海军基地，克莱顿堡陆军基地，霍华德、阿尔布鲁克空军基地；靠大西洋沿岸的有加莱塔岛海军基地，谢尔曼堡陆军基地，科科索洛空军基地。常驻军队共有 1 万多人。第二次世界大战期间最多曾达 6.5 万人。1986 年，美国海军将巴拿马运河宣布为要控制的全球 16 个海上航道咽喉之一。

巴拿马运河除了巨大的航运价值和军事意义以外，还是一个旅游胜地，有世界第八奇迹之称。这里有碧波千顷、鸟语花香的加通湖，野生动物出没无常的巴罗科罗拉多岛，椰林茂密、棕榈成荫的巴拿马城和科隆城，造型别致的飞架南北美洲的"美洲桥"等。巴拿马人把运河区看成是一条"玉带"："玉带"上除运河外，还有铁路、高速公路和航空线，连接运河两端的巴拿马太平洋沿岸的巴尔博亚港和大西洋沿岸科隆城的克里斯托瓦尔港。巴尔博亚港水深 14 米，是一座辅助性的货运港，也是各国游客必到之地；克里斯托瓦尔港外有几千米长的防波堤，港外的狂风巨浪被拒在防波堤之外，港内风平浪静，是良好的避风港，可同时停靠船只 20 多艘，也是西半球一个重要的货物集散地。当地人称两港为"玉带明珠"。

巴拿马人民为收复运河的主权进行了长期的斗争。1964 年 1 月，掀起了震撼世界的反对美国霸占、收回运河主权的斗争高潮。自此，两国间的谈判开始了，1967 年 6 月，美国同意废除 1903 年的不平等条约。但坚持双方联合组成管理局，双方联合维持"秩序"，还给美国开凿新运河的权利。条约草案传出后，遭到巴拿马人民的强烈反对。1977 年 9 月，在联合国安理会支持下，两国签署了新的《巴拿马运河条约》。条约规定，自条约生效之日起，到 1999 年 12 月 31 日，运河的管理和防务由两国共同承担。1979 年 10 月 1 日，运河区升起了巴拿马国旗。1999 年 7 月 30 日，美国开始陆续撤军，到 12 月 31 日全部撤离，结束了美国在运河长达 88 年的军事存在。1999 年 12 月 14 日，两国政府还举行了移交仪式，巴拿马运河及运河区的主权正式回到了巴拿马人民手中。

由于世界海运业的不断发展，通过巴拿马运河的船只数量不断增加。1916 年过往的船只只有 807 艘，1994—1995 年度过往船只达 13 631 艘次，通过货物 2.16 亿吨。2004 年，运河平均使用率超越 100%。每日平均有 38 艘船通过运河，其中 10 艘为大型货柜船。1991 年巴拿马运河委员会宣布，同意拨款 2.47 亿美元，拓宽运河中的狭窄地段——库莱布拉河道，由大船只能单向行驶至可以双向航行。1996 年又决定增加投资 1.29 亿美元。拓宽库莱布拉河道是实现整个运河现代化的重要组成部分。整个运河现代化计划从 1996 年开始，预期历时 20 年，耗资 10 亿美元。

为了更好地解决这一"海峡生命线"的畅通，巴政府拟修建第二条巴拿马运河，建在现运河西侧 16 千米处，北起拉加尔托河口，经加通湖，至凯来托河口，加上两端疏浚航道，全长 98 千米，宽 200~400 米，水深 30 米，可通航 30 万吨级巨轮。

2. 苏伊士运河　Suez Canal
——世界上最繁忙的运河

位于亚洲和非洲之间地峡上的苏伊士运河是亚、非两洲的分界线，亚、欧、非三洲的交通要冲，大西洋和印度洋在北半球的海上航道捷径，又毗邻盛产石油的西亚地区，交通和战略地位十分重要（见图 33）。1986年，美国海军宣布为要控制的全球 16 个海上航道咽喉之一。苏伊士运河呈南北走向。南起红海苏伊士湾北端，北至地中海沿岸的塞得港。

苏伊士地峡跨亚、非两洲，是东非大裂谷向西北的延伸部分，为第四纪松散物质填积而成，地势低洼。在此修建运河的历史悠久。公元前 1887 年，埃及就开凿成古苏伊士运河，那时称"法老运河"，长约 150 千米，宽 25 米，深 4 米，能通航当时盛行的多桨帆船。法老运河不是南北走向而是东西走向的，西起尼罗河支流白鲁济河畔的布佩斯特镇（今宰加济格附近），东到大苦湖。那时大苦湖与红海是连在一起，因而法老运河沟通了地中海和红海，对地中海和东西方的交通贸易起到了很大的作用。公元前 6 世纪，波斯王大流士大力疏浚旧运河，修建新运河。前 3 世纪，埃及、希腊、阿拉伯等历代王朝，多次疏浚、重开运河。公元 400 年，阿拉伯远征大将阿绥到埃及后想开凿一条自大苦湖向北，经微有起伏的平原直达地中海的运河，他是第一个提出开凿直线运河的人。法老运河几经淤塞和疏浚，直到公元 8 世纪，哈里发阿巴斯·艾布·加法尔·曼苏尔为阻止麦加和麦地那叛教者利用运河运输物资反对他的统治，下令将法老运河填死。1498 年，欧洲人发现绕道好望角的航线后，逐渐放弃了开凿新运河的想法。但是随着欧洲资本主义经济的发展，英法等国急于开辟东方航路，所以开始了争夺运河的开凿权。19 世纪中叶，法国人取得了修建和经营运河的特权，由法国为主的国际苏伊士运河公司利用埃及数十万劳动力，于 1859 年 4 月 25 日，在塞得港破土动工。由于施工区的劳动条件很差，又缺乏劳力，修建苏伊士运河历时 10 年，耗资 1 600 万英镑，牺牲民工 12 万人，运河才于

1869 年 8 月竣工，同年 11 月 17 日正式通航。

运河位于地峡最低处，穿过小苦湖、大苦湖、提姆萨赫湖和曼宰莱湖等湖沼地区，西岸为尼罗河三角洲低地，东岸是崎岖不平的西奈半岛。陶菲克至大苦湖之间，河道微曲，为沙质底，沿岸多丘陵和平原。东岸陆上多沙漠。大苦湖宽阔水深，大型船舶可在湖内相对航行，为全运河的最好河段。大苦湖至坎塔拉为运河中段，河道弯曲，沿岸是广阔的沙漠，间有灌木丛。坎塔拉至塞得港，河道平直，两岸多为盐沼，沿河道分布有多个湖泊，湖水较浅，航道为人工疏浚而成。塞得港以东有一条支线运河，长 25 千米，北上船舶可不经塞得港而直驶地中海。苏伊士运河大部分河段比较狭窄，船舶只能单向航行。但每隔 8 000 ~ 9 000 米就有一段河床加宽，作为相对航行的船舶避让处。在德维斯瓦、提姆萨赫湖也修建了支线。20 世纪 60—70 年代，沿岸主要港口设置了让船站，增加相对航行船只的通航能力，使可双向航行的河段长约 67 千米。日通行能力可达 80 艘。通过一次约需 15 小时，加上等待和避让时间，共需 18 ~ 22 小时。尼罗河至大苦湖西侧的伊斯梅利亚建有一条输淡水的运河，供应运河区淡水，也是尼罗河内船只进入运河的航道。淡水运河自伊斯梅利亚分南北两支，南支至苏伊士城，北支抵塞得港。

苏伊士运河地处气候干热的沙漠地区，终年多西北风，4—5 月有南风，最大风力达 6 级。年降水量 82 毫米。陶菲克至大苦

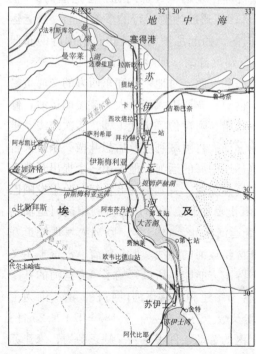

图 33　苏伊士运河

湖河段，受红海潮水影响较大，潮差达 2 米。海流向北，流速 2.5 节。

运河长期被英法殖民主义者控制。法国统治着苏伊士运河公司，享有运河带来的各种利益。1882 年，英军侵入埃及，在运河区建立军事基地，取代了法国的统治。1888 年，英、法、德等国就运河通航问题签订了《君士坦丁堡公约》，规定无论平时或战时，各国舰船均可在运河自由通航，入口港、河内及其附近水域 5.5 千米以内禁止一切战斗行动。多年来，英、法等国从运河攫取巨额利润。1948 年，以色列国成立，埃及不准其任何船只在运河通航。1956 年 7 月 26 日，埃及将运河收归国有，成立了苏伊士运河管理局，结束了英占领运河长达 87 年之久的历史。

苏伊士运河为穿过亚、非两洲之间地峡的人工运河，是北大西洋、印度洋和西太平洋之间海上航道的捷径，具有重大的交通意义和经济价值。通过运河的航线与绕道好望角相比，大大缩短了航程。如：从北大西洋沿岸各国到印度洋，可缩短航程 5 500～8 000 千米；从地中海东部和黑海沿岸各国到印度洋，可缩短航程 8 000～12 000 千米；从中国到黑海沿岸国家，可缩短航程 12 400 千米。通过苏伊士运河，大多途经内海或近海，航道条件好，航行安全。每年有 100 多个国家的船舶航行于此。每年通行的船只数量和货运量均居世界运河之首，货运量占世界海上货运总量的 16%～20%；欧亚国家间的海上贸易中，高达 80% 的货运量要通过该运河实施。欧美国家从中东进口的石油多经此运输，故有"输油管"之称。通过运河的船只历年有增多的趋势。如 1956 年苏伊士运河通过船只为 14 000 多艘次，1989 年为 17 647 艘次，1991 年达 18 326 艘次。1990 年 11 月 19 日埃及迎来了运河国有化以来的第 50 万艘货轮。使用运河的国家节约了大量的经费，仅 1975—1980 年，就节省费用 82 亿美元。同时，埃及的运河年收入也在提高，如 1983—1984 年度为 10 亿美元，1988 年为 13.4 亿美元，1991 年达 17.7 亿美元，2003 年 7 月至 2004 年 6 月运河外汇收入达 28 亿美元。所以运河的收入为埃及财政收入的四大支柱之一。

苏伊士运河先后经过多次整修和扩建，比较近的几次包括：1976—1980 年，对运河进行展宽和加深工程，航道从 13 米加深到 16～20 米；并增建新支道，使全河 1/3 里程可以双向行驶。1982—2000 年，苏伊士运河

峡　名	苏伊士运河
位　置	亚洲与非洲之间的苏伊士地峡上
沿岸国	埃及
长　度	约169千米,连同两端引航道193.5千米
宽　度	190~365米
水　深	最深23.5m
气　候	干热的沙漠气候
交　通	北大西洋、印度洋和西太平洋之间海上交通的捷径。1991年通过的船只达18 326艘。与绕道好望角相比,可节省航程:北大西洋到印度洋,5 500~8 000千米,地中海东部和黑海到印度洋,8 000~12 000千米,中国到黑海沿岸,12 400千米
港　口	伊斯梅利亚、陶菲克港和塞得港
军事基地	陶菲克港、塞得港

整修和扩建后，平均宽可达320米，大部分航道水深18.5~19.5米，南段苏伊士港进口航道水深为23.5米。1986年5月曾顺利通过一艘55.4万吨的空载希腊油轮，1993年已可通行满载20万吨级、吃水17米的船只。为扩大通航能力，2014年开始实施新苏伊士运河项目，包括在北段东侧开凿35千米新河道，拓宽南段37千米旧河道，实现双向航道通告。2015年8月6日，新苏伊士运河正式启用，船只通过运河所需时间大幅缩短，等候时间也从原先的22小时减少至11小时。我国"一带一路"倡议中，21世纪海上丝绸之路重点方向是从我国沿海港口过南海到印度洋延伸至欧洲，新苏伊士运河的开通，将会增进中国与埃及之间的贸易联系，加快推进海上丝绸之路的建设。

运河既是两洋的交通要道，亚、欧、非三洲的接合部，又临近"四海"(地中海、黑海、红海和阿拉伯海)，尤其是近世界油库西亚地区，战略地位极其重要，是强国争夺的军事要地。埃及将运河收归国有之后，该区域战争不断。1956年10月，英法伙同以色列发动了苏伊士运河战争，运河被迫关闭。英国撤出运河以东地区后，美国侵入。1967年以色列又向埃及和其他阿拉伯国家发动了"六五"战争，运河又两度关闭。1973年10月6日，埃及和阿拉伯人民为收复失地和反击以色列侵略打响了著名的"十月战争"。埃及军队强渡苏伊士运河，收复了部分西奈半岛领土，运河又回到了埃及人民的手中。1975年6月5日，关闭了8年之久的运河重新通航。1979年，第一艘以色列船舶通过运河。1986年2月，美国海军宣布将运河列入要控制的全球16个海上航道咽喉之一。同年 4 月，埃及准许美国包括"企业"号航母在内的核动力军舰通过运河。1991 年海湾战争，在以美国为首的多国部队的调动中，运河起到了重要作用。现运河是埃及军队的设防重地，塞得港和陶菲克港建有海军基地，阿布苏韦尔和法伊德建有空军基地。

现运河区设施比较完善，交通便利，有铁路和公路与沿岸主要港口相通。坎塔拉建有横跨运河的铁桥。苏伊士城附近的舍特镇北 8 000 米处建有哈姆迪河底隧道，距水面 38 米，横截面呈圆形，直径 10.4 米，全长约 5 900 米，其中河底部分长 1 640 米，东引道长 1 980 米，西引道长 2280 米，是通往西奈半岛的重要通道。隧道内分三层：上层装有自动控制系统；中层筑有水泥路面，双车道公路宽 7.5 米，行车速可达 60 千米 / 小时，每小时能通过 2 000 辆汽车，公路两侧设有人行道；下层铺有高压电缆和两条大型输水管，每条管道日输水 17 500 立方米。尼罗河淡水经管道输往西奈沙漠，对改造埃及亚洲地区的荒漠，开发和建设西奈半岛可发挥重大的作用。

伊斯梅利亚、陶菲克港和塞得港是运河地区的三颗明珠。伊斯梅利亚是运河的指挥和调度中心，设有运河管理局。局内装有电子控制中心，有以雷达网、远距离无线电定位系统和计算机组成的电子控制系统，配有运河各部门、工作船和通航船舶联系的高效能无线电联络网，全程用现代化先进技术导航，极大提高了运河通航能力和航行安全。陶菲克港雄踞运河南口，主要为运河服务，建有埃及重要的海军基地。塞得港扼运河北口，19 世纪末就已是世界上最大的海运加煤站，现在则是世界最大的煤炭、石油存储港之一，几乎完全为苏伊士运河服务。年货物吞吐量在 1 000 万吨以上。现为埃及第二大港和重要的海军基地。

3. 北海—波罗的海运河　Nord-Ostsee Kanal
——世界上通过船只最多的运河

北海—波罗的海运河位于德国北部，横贯日德兰半岛基部附近。北侧离丹麦 60 ~ 120 千米，沟通北海和波罗的海（见图 34）。

运河自 1887 年 6 月 3 日开始动工修建，当时修建的目的主要为德国自身北海和波罗的海军舰调动的方便，使调动不必绕日德兰半岛，而

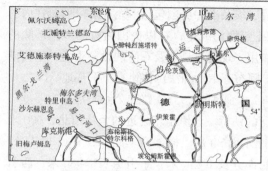

图 34 北海—波罗的海运河

直接通过运河来往于北海和波罗的海之间，当然也可为航海贸易服务。工程历时8年，于1895年6月22日建成并通航。运河略呈东北—西南方向延伸。西口起自北海沿岸的布伦斯比特尔科格，东到波罗的海沿岸基尔湾的荷尔泰诺。初建时，运河航道底宽22米，水深9米。船闸室长125米，宽25米。随着航海业的发展，运河经两次扩建。1905年开始第一次拓宽、加深工程，1914年第一次世界大战爆发前几周完成，航道底拓宽至44米，水深增至11米。入口两端增建两座船闸，闸室长330米，宽45米。1965年第二次扩建，航道宽增至90余米，每5~13千米有一处300米宽的河段供让船和调头用，共有11处。运河上建有7座桥，净空高度42米，最大可通航吃水9.5米、长315米、宽不超过40米的35 000吨级船只。运河一般有15~30天封冰期，个别年份封冰期可达3个月，冰冻时由破冰船保障通航。运河管理当局对过往船舶规定：最大航速不得超过8节；吃水大于8.5米的船舶，航速不能大于6.5节。通过运河时间一般需要6.5~9个小时。扩建后的20世纪60年代后期，每年通过船只数超过8万艘，平均每日200余艘，货运量4 300万吨；70年代中期，每年通过6万多艘，货运量7 800万吨，主要运输货物为煤、石油、矿石、钢铁等。通过船只60%属德国。

北海—波罗的海运河在第一次世界大战前属德国，为军用水道。战后，1919年6月28日签订的凡尔赛条约规定，北海—波罗的海运河成为国际航道。但这一规定

海峡航标灯

峡　名	北海—波罗的海运河
位　置	北欧，日德兰半岛基部
沿岸国	德国
沟通海域	波罗的海与北海
长　度	98.6千米
宽　度	河底44米
水　深	11米
交　通	波罗的海出大西洋的捷径
港　口	基尔、库克斯港
军事基地	基尔、库克斯港

在第二次世界大战前被希特勒于1936年废除。第二次世界大战后，这一规定再次生效，实行运河国际化。虽然管理仍由德国负责，但所有国家的船只均可自由通航。由于运河是波罗的海通往大西洋的捷径，而波罗的海沿岸国家都是发达国家，使通过该运河的船只数量多于苏伊士运河和巴拿马运河数倍，为世界上过往船只最多的运河。但通过的货运量却少于上述两条运河。现为世界上最重要的三条运河之一。

运河两端附近有几个重要港口：东北口附近的基尔是德国的重要海军基地，两次世界大战中都是德国舰队在波罗的海的主要基地，并且是当时最大的军舰制造中心；西南口对面的库克斯港也是德国的主要海军基地；库克斯港沿易北河上溯120千米处的汉堡是德国第二大城市和最大的港口。港口由海港与河港两部分组成：海港可驶入大型海轮，有300多条航线与世界上1 100多个港口有联系，有德国"通向世界的门户"之称，每年进出远洋轮1.8万艘，吞吐量6 000多万吨；河港每年进出内河船2.3万艘，吞吐量5 100多万吨。两港合计每年进出船舶4.1万艘，吞吐量1.11亿吨。

4. 科林斯运河　Korinthos Canal
——两个半岛之间的运河

科林斯运河位于希腊南部科林斯地峡上。该地峡宽仅6 000米多，连接希腊最大的半岛——伯罗奔尼撒半岛和最重要的半岛——阿提卡半岛。伯罗奔尼撒半岛盛产葡萄、油橄榄、水果和粮食，是爱琴文化的主要中心，多历史遗迹。阿提卡半岛是希腊的政治、经济和文化中心。地峡东南方为爱琴海的萨罗尼科斯湾，西北方为伊奥尼亚海延伸入伯罗奔尼撒半岛北方的科林西亚湾和帕特雷湾。因此，在地峡上开凿的科林斯运河沟通地中海两个重要的支海伊奥尼亚海和爱琴海。运河于1881年

海峡航标灯

峡　　名	科林斯运河
位　　置	在希腊南部科林斯地峡上
沿岸国	希腊
沟通海域	爱琴海与伊奥尼亚海
长　　度	6.3千米
宽　　度	21～25米
水　　深	7米
交　　通	爱琴海到伊奥尼亚海的捷径，可缩短航程320千米
港　　口	比雷埃夫斯、帕特雷港
军事基地	比雷埃夫斯、萨拉米斯、帕特雷港

开凿，1893 年完成。

运河具有很重要的经济和战略意义，是爱琴海通往伊奥尼亚海的捷径。比雷埃夫斯港到伊奥尼亚海、亚得里亚海沿岸各港可缩短航程 320 千米。

运河附近有几个重要的港市：阿提卡半岛上的雅典是希腊的首都，全国最大城市，希腊文明的发祥地，全国经济、交通和文化中心。全国 59% 的工业企业集中于此，产值占全国的 70%。西南 8 000 米处的外港比雷埃夫斯是希腊最重要的港口和海军基地，进出口贸易占全国的 60%。该港西侧岛上的萨拉米斯也是重要海军基地，为舰队司令部驻地。运河西北方帕特雷湾东南岸的帕特雷港也是希腊主要的港口和海军基地。

5. 约塔运河　Göta Kanal
——船闸最多的运河

北欧斯堪的纳维亚半岛南部贯通卡特加特海峡—维纳恩湖—韦特恩湖—波罗的海的运河。维纳恩湖和韦特恩湖是瑞典南部两个较大的湖泊，附近物产丰富，景色秀丽，经济发达。该运河为航运和旅游业带来巨大的利益。

运河可分为西、中、东三段。

西段位于维纳恩湖和哥德堡之间，略呈东北—西南走向。此段原为约塔河，是从维纳恩湖流出到哥德堡注入卡特加特海峡的自然河流。从哥德堡到中游处小埃德镇的 52 千米河道原就是可以通航的平原河流，但从小艾迪特镇到维纳恩湖的 30 千米河道落差达 43.8 米，且中间有许多瀑布，不能通航。从 1607 年开始在小埃德镇建起了第一座水闸，至 1800 年，沿上游共建起了 8 座闸门。从此，维纳恩湖到哥德堡之间的托莱宝地区就可以通航了，并将约塔河改称为约塔运河。后又经两次改建，其中 4 座闸门改建后于 1916 年启用，1972—1975 年重修使其更加现代化。

海峡航标灯

峡　名	约塔运河
位　置	斯堪的纳维亚半岛南部
沿岸国	瑞典
沟通海域	波罗的海与卡特加特海峡
长　度	600 余千米
闸　门	66 座
港　口	哥德堡，瑞典第一大港，斯德哥尔摩，瑞典第二大港

中段在维纳恩湖与韦特恩湖之间，略呈西北—东南走向。维纳恩湖水面的航程有 122 千米，海拔 43.9 米。两湖之间是一条山岭。这一段运河大部穿山开凿，工程艰巨。河宽 7 米，也是运河最狭窄的地段。中间有 21 座闸门。维纳恩湖东岸附近有一城镇舍托普，海拔 91.5 米，是运河的最高点。过此向东地势下降，到韦特恩湖西岸的卡尔斯堡入湖，湖面海拔 15.8 米，湖上航线 32 千米。

东段位于宝兰—劳克森地区，从韦特恩湖向东，水位上升，经瓦斯泰纳镇到布伦湖；布伦湖最高闸门水面海拔 73 米，为运河水面的次高点，从此经 37 座闸门水位逐步下降，进入波罗的海。

中段和东段于 1810 年开工，1829 年建成。

运河全线共有闸门 66 座，长 600 余千米。尽管运河较长，通过运河的时间约需 60 个小时，但位于瑞典南部经济比较发达、人口比较集中的地区，航运和旅游价值仍很显著。西段出口处的哥德堡是瑞典第二大城市，第一大港。年货物吞吐量 4200 万吨，包括 90 万标准箱、53.4 万滚装单位；瑞典 30% 的进出口货物通过哥德堡港（2012 年）。市内建有全国最大的造船厂和海军基地。东口外约 150 千米处的斯德哥尔摩是瑞典的首都，全国最大城市，第二大港，也是世界名城。从斯德哥尔摩到哥德堡，经过运河与绕道斯堪的纳维亚半岛南端的博恩霍尔姆海峡和厄勒海峡相比，可缩短航程 2/5，每年通过的货轮有 7000 余艘，运输货物 400 余万吨，在经济上具有巨大利益。在旅游方面同样具有重大意义，因为沿运河地区景色十分秀丽：湖面烟波浩渺，湖水清澈，蓝天白云，游艇飞渡，岸上穿山越谷，忽升忽降，别有一番情趣。沿途多文物古迹，旅游资源丰富，每年通过的游船达 5 000 余艘，仅夏季游客就达 30 多万人次。

6. 莱茵河—多瑙河运河　Rhein-Donau Canal
——联系国家最多的通海运河

莱茵河—多瑙河运河位于德国中南部，略呈南北走向，长 171 千米。北端起自莱茵河支流美因河畔的班贝格，南端止于多瑙河畔的凯尔海姆，连接莱茵河与多瑙河两大水系，沟通北海和黑海。

峡　　名　莱茵河—多瑙河运河
位　　置　德国中南部
沿岸国　德国
沟通海域　通过莱茵河和多瑙河，沟
　　　　　通北海和黑海
长　　度　171千米

莱茵河是欧洲的大河之一，长1 320千米。瑞士巴塞尔以下干流可通航里程达886千米，而且全年水量充沛、稳定。干流流经瑞士、法国、德国、荷兰，沿岸多重要城市：波恩，是原德意志联邦共和国（西德）的首都；科隆，德国最重要的工业城市和交通枢纽，该城以下莱茵河可通一般海轮；杜伊斯堡，又称"钢城"，工业发达，是欧洲最大的河港；鹿特丹，世界最大港口之一。

● 莱茵河

欧洲大河之一，长1 320千米，干流通航里程886千米，流经瑞士、法国、荷兰，沿河城市有波恩、科隆、杜伊斯堡（欧洲最大河港）、鹿特丹（世界最大港口之一）。

多瑙河是欧洲第二大河，长2 850千米。干流流经德国、奥地利、斯洛伐克、匈牙利、克罗地亚、塞尔维亚、保加利亚、罗马尼亚和乌克兰。从德国乌尔姆到河口可通航，通航里程达2 588千米。沿岸主要城市有：纽伦堡，德国中南部交通枢纽，河港；维也纳，奥地利首都，世界音乐之城；布拉迪斯拉发，斯洛伐克首都，内河大港；布达佩斯，匈牙利首都，中欧交通枢纽；贝尔格莱德，塞尔维亚首都，水陆交通枢纽；苏利纳，罗马尼亚海港和海军基地。

莱茵河—多瑙河运河于1926年开工。由于工程浩大，除运河本身的开凿和在莱茵河上建27座船闸、在多瑙河上建5座船闸外，还要治理支流美因河和多瑙河的航道，又由于第二次世界大战期间的停工，断续历时66年，才于1992年7月31日正式通航。

● 多瑙河

欧洲第二大河，长2 850千米。流经德国、奥地利、斯洛伐克、匈牙利、克罗地亚、塞尔维亚、保加利亚、罗马尼亚和乌克兰，通航里程2 588千米。沿岸城市有：纽伦堡、维也纳（奥地利首都）、布拉迪斯拉发（斯洛伐克首都）、布达佩斯（匈牙利首都）、贝尔格莱德（塞尔维亚首都）、苏利纳（罗马尼亚海港和海军基地）。

该运河及联系的两大欧洲水系可通航的河段，连接西欧、中欧和东欧11个国家，横贯欧洲发达地区，对欧洲的内河出海交通，尤其是对瑞士、奥地利、斯洛伐克、匈牙利等内陆国家的对外贸易意义重大。

莱茵河还与塞纳河和马恩河有马恩

河—莱茵河运河连接，与索恩河和罗纳河有罗纳河—莱茵河运河连接，马恩河和索恩河有马恩河—索恩河运河连接，与埃姆斯河、威悉河、易北河之间有中部运河相通。从莱茵河经塞纳河可至巴黎人英吉利海峡；经罗纳河纵贯法国南北至里昂到马赛入地中海；经埃姆斯河至德国西部入北海；经威悉河在德国西北部至不来梅入黑尔戈兰湾；经易北河在德国北部至汉堡入黑尔戈兰湾，形成西欧航道交织的庞大水运网，使莱茵河—多瑙河运河在欧洲交通运输中发挥更大的作用。

7. 俄罗斯通海运河网 Russian Marinetime Canals
——世界最庞大的内河通海运输网

俄罗斯西部先后建有多条运河。其中4条连接3条河流、多个湖泊，通达4个海域，形成一个巨大的内河出海运输网，是世界最大的内河通海运输网，主要由4条运河连接而成。

（1）白海—波罗的海运河。该运河在俄罗斯西北部，北起白海城，南至波韦涅茨，连接白海和奥涅加湖，再通过斯维里河、拉多加湖和涅瓦湖，抵圣彼得堡，通波罗的海。长227千米，其中人工水道37千米。建于1930—1933年，后又屡经扩建，可通5 200吨级舰船，使波罗的海岸边的圣彼得堡至白海岸边的阿尔汉格尔斯克比绕道波罗的海—挪威海—巴伦支海到白海的航程缩短4 000千米，极大地方便了俄罗斯波罗的海沿岸与白海沿岸，以及当时苏联和现俄罗斯波罗的海舰队与北方舰队之间的联系与调动。

（2）莫斯科运河。在俄罗斯首都莫斯科北面，连接莫斯科河和伏尔加河。莫

海峡航标灯	
峡 名	俄罗斯通海运河网(白海—波罗的海运河、莫斯科运河、列宁伏尔加河—顿河运河、伏尔加河—波罗的海运河)
位 置	俄罗斯西部
沿岸国	俄罗斯
沟通海域	黑海、里海、白海、波罗的海
长 度	白海—波罗的海运河，227千米。莫斯科运河，128千米。列宁伏尔加河—顿河运河，101千米。伏尔加河—波罗的海运河，360千米
交 通	连4条河，通4个海
港 口	圣彼得堡、萨拉托夫、喀山、下诺夫哥罗德、雅罗斯拉夫尔、罗斯托夫、阿尔汉格尔斯克

科河是伏尔加河支流奥卡河的支流。运河起自伏尔加河右岸的杜布纳，止于莫斯科西北，全长 128 千米，中间有 6 座水库，水库中航程占 19.5 千米。陆地开凿地段建有 9 座船闸。该运河建于 1932—1937 年，使首都莫斯科与伏尔加河、白海、波罗的海地区的水路连接起来。由莫斯科到下诺夫哥罗德的航程比顺河而下缩短 110 千米。

（3）列宁伏尔加河—顿河运河。在俄罗斯欧洲部分东南部，连接伏尔加河和顿河。伏尔加河是欧洲第一大河，纵贯东欧平原，注入里海，长 3 530 千米。干、支流大部可通航，承担全国河运总量的 2/3，航期达 7~9 个月。顿河在伏尔加河西侧，长 1 870 千米，注入亚速海，有 1 604 千米可通航。运河西起顿河岸边的卡拉奇南侧，东至伏尔加格勒以南约 25 千米的红军城附近，长 101 千米。其中 45 千米是天然水道和齐姆良水库水道。陆地开凿河段有 13 座船闸。建于 1948—1952 年，沟通伏尔加河与顿河，里海、亚速海与黑海，可通 5 000 吨级以下轮船。

（4）伏尔加河—波罗的海运河。始于伏尔加河畔的切列波韦茨，经舍克斯纳河、别洛耶湖、科夫扎河、人工运河、威捷格拉河与奥涅加湖相连，经奥涅加湖与白海—波罗的海水路相通，于 1964 年建成，取代了 18 世纪建的马林运河水系。从切列波韦茨到奥涅加湖全长 360 千米，建有 7 座现代化的自动控制船闸，可通吃水 3.5 米的 5 000 吨级船舶。

这 4 条运河的建成，极大地方便了俄罗斯西部的内河航运。例如，以伏尔加河为主干，南通里海；西南经伏尔加河—顿河运河通亚速海和黑海，出黑海海峡入地中海，出大西洋；西经莫斯科运河通首都莫斯科；西北经伏尔加河—波罗的海运河通波罗的海；北经白海—波罗的海运河通白海。形成一个由运河连接的内河通海运输网。该河网地区是俄罗斯最发达、最富庶的地区。该河网在俄罗斯政治、经济、交通建设中的作用举足轻重。河网地区重要城市和港口有：莫斯科，俄罗斯首都和第一大城市，经济、文化、交通中心；圣彼得堡，俄罗斯第二大城市，工业、交通和科学研究中心，著名的大海港，海军基地；伏尔加格勒，曾名察里津、斯大林格勒，工业发达，水陆交通枢纽，军事要地，以在此进行过察里津保卫战和斯大林格勒保卫战而闻名于世；阿斯特拉罕，铁路枢纽，里海渔业基地，农矿产品转运港；萨拉托夫，铁路枢纽，重要河港；萨马拉，原名古比雪夫，工业发达，水陆交通枢纽；喀山，工业发达，水陆交通枢纽，列夫·托尔斯泰和列宁曾在喀山大学学习；下诺夫哥罗德，曾名高尔基，铁路、公路枢纽，大型河港和航空港，高尔基诞生地；雅罗斯拉夫尔，工业发达，铁路枢纽，重要河港；罗斯托夫，铁路枢纽，重要河海联运港；阿尔汉格尔斯克，俄北冰洋沿岸重要港口，木材加工和输出中心，俄北冰洋航线起点。

七、非海峡航道咽喉

下述四个海上通道都不是海峡，但都是美国海军1986年宣布要控制的全球16个海上航运咽喉之一，在世界海运和军事上都具有重要意义。

1. 好望角南水道 Southern Channels of Cape of Good Hope
——为西方"带来美好希望"的航道

好望角南水道指非洲大陆南端好望角以南的水道（见图35）。其实该水道是非洲与南极洲之间的一个宽阔海峡，只不过它太宽而至今无人称其为海峡而已。由于好望角南水道在苏伊士运河开通前是大西洋与印度洋之间的唯一通道，即便在苏伊士运河开通之后，该水道在世界航运业中仍居重要地位，因此，虽不是海峡，但1986年美国海军仍宣布将其列为要控制的全球16个海上航运咽喉之一。

好望角至南极洲之间的水域，是大西洋与印度洋的连接处。好望角以东的非洲最南端厄加勒斯角至南极洲的东经20°线是大西洋和印度洋的分界线。非洲至南极洲之间的距离约3 900千米，比世界上最宽的海峡——德雷克海峡还要宽3倍多。但是，南纬45°以南的海域为浮冰区，仅好望角以南1 000千米范围内可供航行。而且水道地处"咆哮的西风带"附近，全年都有风暴，风向稳定，平均每年有110天出现6米

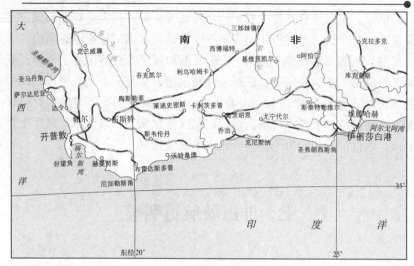

图 35　好望角南水道

以上的狂浪。为了尽量避开海况恶劣的海域，也为了缩短航程，过往船只通常都在贴近好望角的水域内航行。

海峡航标灯

航道名　好望角南水道

位　置　非洲大陆南端，好望角以南

沿岸国　南非

沟通海域　大西洋与印度洋

气　候　地处"咆哮的西风带"附近，全年都有风暴，风向稳定

水　文　平均每年有110天出现6米以上的狂浪

交　通　为大西洋至印度洋，洲至亚洲航线的必经之地。不能通过苏伊士运河的大油轮，须经过好望角南水道航行

非洲南岸近海大陆架宽约200～300千米，以南为逐渐过渡到深于5 000米的厄加勒斯海盆。在"咆哮的西风"驱动下，海流为南大西洋西风漂流的分支，自西向东流向印度洋。

好望角位于南非开普半岛的南端。半岛地区是南非重要地区。周围山丘起伏，被辟为自然保护区。岬角东北约1 000米处海拔200余米的山顶建有一座巨大的灯塔，射程38海里，是好望角南水道上明显的助航标志。东临法尔斯湾，向北19千米处为南非的大型海军基地西蒙斯敦（在法尔斯湾西岸，开普半岛东岸）。开普半岛西岸向北52千米处桌湾内的开普敦是南非第一大城市，立法机关所在地，重要海港和海、空军基地。

好望角为葡萄牙航海家巴托洛梅乌·迪亚士所发现，他于1488年寻找通往印度洋的航路时，第一个绕过非洲南端，抵达今南非印度洋沿岸的莫客尔湾。返航时发现此角，因此时遇强烈风暴，将此角命名为"风暴角"。1497年，葡萄牙另一位航海家达·伽马绕过"风暴角"驶入印度洋，于次年到达印度的卡利卡特，然后满载黄金、丝绸回到葡萄牙。葡萄牙国王约翰二世将"风暴角"改名为"好望角"，以示绕过此角

> ● **好望角**
>
> 位于南非开普半岛南端，周围山丘起伏，为自然保护区，海拔200余米处有一座大灯塔，射程70千米(38海里)，以东的湾内建有西蒙斯敦海军基地，以西的湾内开普敦是南非第一大城市，重要海港和海空军基地。

带来了美好的希望。大西洋到印度洋的航线从此畅通。1652年，荷兰人侵入开普半岛，于1741年建西蒙斯敦海军基地，以控制好望角南水道。18世纪末，英军取而代之，1957年撤离基地，但仍保留使用权。

好望角南水道随着东西方航海探险、贸易运输的不断发展而逐渐成为南半球最繁忙的航道。1869年苏伊士运河通航前的300多年间，为大西洋—印度洋、欧—亚航线的必经之地。苏伊士运河通航后，欧亚航线大大缩短，通过此航线的船只也大大减少。但由于苏伊士运河的水深和宽度有限，一些超级油轮仍需绕道好望角南水道航行。中东石油的大量发现和开采，使无法通过苏伊士运河的船也越来越多。1967—1975年中东战争期间，苏伊士运河关闭，好望角南水道又成了西方的"海上生命线"。即使在苏伊士运河开放期间，每年通过好望角南水道的巨型货轮和油轮仍有2.5万艘。西方进口石油的2/3、战略物资的70%、粮食的1/4均经此水道，其仍为世界上繁忙的航线之一。由于中东形势长期不稳定，苏伊士运河随时有可能关闭。

2. 阿拉斯加湾水道 Channels in Gulf of Alaska
——美国的又一条石油"生命线"

阿拉斯加湾水道指阿拉斯加湾至美国本土西海岸的水道（见图36）。阿拉斯加湾位于北美洲西北侧。湾岸大部分为美国阿拉斯加州的南岸。阿拉斯加州是美国的飞地，是美国最大的州，离本土最近约800千米，

州首府朱诺离西雅图约 1 200 千米。1867 年以 720 万美元购自俄国。当时，该州为冰天雪地的不毛之地，但经一个多世纪的开发，人们发现阿拉斯加资源十分丰富。林地占陆地面积的 35%，南部沿海是鲑鱼、鲭鱼和大比目鱼的著名渔场，西南岸外的普里比洛夫群岛是海豹繁殖场，还有金、银、铅、锌等金属矿藏，尤其是石油和天然气更加丰富。北部的普拉德霍湾是美国最大的油田，有输油管通南部阿拉斯加湾沿岸的不冻港瓦尔迪兹。

图 36　阿拉斯加湾水道

阿拉斯加湾的重要港市有：安科雷奇，建有大型现代化国际机场，为国际航空枢纽，其港口终年可通航，港内有杂货、集装箱和石油专用码头，库克湾所产石油多由此转运；苏厄德，是阿拉斯加货物集散地，港口通至美国本土、加勒比地区、巴哈马群岛；库克湾腰部的德雷弗德港和尼基斯基均为油港。

阿拉斯加湾—亚历山大群岛—加拿大夏洛特皇后群岛—温哥华岛—西雅图和美国太平洋沿岸其他港口的航线，是美国非常重要的石油航线。该航线美国称内海航道，长 1 600 千米，沿途有众多的岛屿和海峡。因有岛屿和大陆作屏障，可免受太平洋风暴的袭击，大部航段为深水航道，沿岸多锚地，可通各种船舶。航线上还有多个重要港口：朱诺，是阿拉斯加州的首府，不冻港；鲁珀特王子港，加拿大横贯大陆铁路的西部终点，渔业发达，木材加工颇盛；温哥华，加拿大第三大城市，第一大港；维多利亚港，加拿大军港、商港；西雅图，美国横贯大陆铁路终点之一，全国主要飞机制造中心，通往远东和阿拉斯加的主要口岸。该航线虽地处北纬48°～61°的高纬地区，但受西来的北太平洋西风漂流及其支流阿拉斯加暖流的影响，气候温和。温哥华的年平均气温为10℃，最冷月（1月）为2.4℃；阿拉斯加湾南岸的年平均气温也有 -8～0℃。沿途各港均为不冻港。

阿拉斯加州是美国离亚洲、俄罗斯最近的州，隔白令海峡与俄罗斯西伯利亚地区相望。在"冷战"时期，该州是苏联和美国直接对抗的地区，附近建有许多军事基地和军事设施。主要基地有：安科雷奇，建有陆军基地和埃尔门多夫空军基地；基奈半岛东南岸的苏厄德为海、空军基地；科迪亚克岛东北岸的科迪亚克为海军基地；斯潘塞角东南约150千米处的锡特卡也建有海、空军基地；白令海峡沿岸设有监听站和警戒雷达。

由于该水域平时是美国的石油航线，战时则是战略物资和兵员运输线，因此，该水道虽然不是海峡等狭窄水道，1986年美国海军仍将其宣布为要控制的全球16个海上咽喉之一。

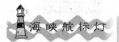
海峡航标灯

航 道 名	阿拉斯加湾水道
位 置	北美洲西岸，西雅图至阿拉斯加湾
沿 岸 国	美国、加拿大
长 度	1600千米
气 候	北段寒冷，南段温和
水 文	航道终年不冻
港 口	美国的朱诺、西雅图，加拿大的温哥华、鲁珀特王子港
军事基地	安科雷奇陆军和空军基地，苏厄德海空军基地，科迪亚克海军基地，锡特卡海空军基地

● 阿拉斯加

原属俄罗斯，1867年美国以720万美元购得。原为冰天雪地的不毛之地，经过一个世纪的开发，森林占陆地面积的35%，南部沿海是鲑、鲭、大比目鱼渔场，普里比洛夫群岛是海豹繁殖场，北部普拉德霍湾是美国最大油田，输油管道直通南岸，使阿拉斯加湾水道成为美国海军1986年宣布的要控制的全球16个海上咽喉之一。

3. 北美航道　North American Channels
——北大西洋"咽喉"之间的"咽喉"

北美航道指北美洲大西洋沿岸佛罗里达海峡至纽芬兰岛附近的航道。该航道虽然不是海峡或石油航线之类的"生命线"，1986年美国海军宣布将其列入要控制的全球16个海上航运咽喉之一。这是因为该航道对美国来说具有非凡的重要意义。

灯塔

航道名	北美航道
位　置	北美洲大西洋沿岸，佛罗里达海峡至纽芬兰岛之间
沿岸国	美国、加拿大、巴哈马
沟通海域	北大西洋西南部与西北部
交　通	航道西南端为佛罗里达海峡、临墨西哥湾、加勒比海和苏伊士运河，东北端连北大西洋航线。故称"咽喉"之间的"咽喉"
港　口	美国的纽约、波士顿、诺福克、威尔明顿、查尔斯顿、迈阿密，加拿大的哈里法克斯
军事基地	诺福克

首先，航道西侧为美国和加拿大的东海岸。美国和加拿大都是发达的资本主义国家。尤其是美国，其国民生产总值长期高居世界首位。加拿大的人均国民生产总值也居世界前列。但两国的经济发展各地并不平衡，经济重心在美国的东北部、加拿大的东南部和五大湖地区。以美国为例，大西洋沿岸和五大湖地区的22个州，土地面积仅占全国面积的19.2%，人口占全国人口的55.9%，制造业产值占全国制造业产值的55.6%。美国和加拿大国土辽阔，资源和生产分布很不平衡，生产规模大，商品性高，使交通运输在国民经济中占很重要的地位。由于经济重点分布的特点，海运业在交通运输中的地位很突出。尽管美加两国与世界各地的海运联系很广泛，货运量也很大，但美国的沿海运输只占全国海运量的2/3，而北美航道是其主要航道。

其次，有多条世界重要航线通过北美航道。北美东岸是世界上最繁忙的航线——北大西洋航线的起迄点之一；该航道是经济发达的五大湖地区经圣劳伦斯河、圣劳伦斯湾至巴拿马运河去太平洋的航线的捷径；此航道是墨西哥湾、加勒比海地区，甚至南美洲东岸前往美、加东岸、五大湖地区和欧洲航线的必经之地。

再次，此航道南端的佛罗里达海峡和北侧的格陵兰—冰岛—联合王国海峡都是 1986 年美国海军宣布为要控制的全球 16 个海上航运咽喉之一，本海域则是北大西洋"咽喉"之间的"咽喉"。

最后，沿岸有许多特别重要的港市和军事要地：纽约，是美国第一大城市，亿吨大港，全国最大经济、交通中心，也是国际金融中心和联合国总部所在地；费城，曾是美国首都，全国商业和金融中心之一，世界著名的河口港；巴尔的摩，美国第一条铁路的起点，工业发达，重要海港，港口吞吐量列全国前列；诺福克，美国重要海港，吞吐量居全国前列，附近的汉普顿港是世界最大的煤港，诺福克海军基地是美国最大的海军基地，北大西洋公约组织大西洋盟军最高司令部、美国大西洋舰队司令部、第 2 舰队司令部驻地；卡纳维拉尔角，曾名肯尼迪角，是美国著名的卡纳维拉尔宇航中心所在地；基韦斯特，美国本土最南端的海军基地；哈里法克斯，加拿大东岸港市，重要海军基地，加拿大武装部队海上司令部、大西洋舰队司令部驻地，第一、第五、第七战斗群所在地。此地为战略要地，在第一、二次世界大战中为加拿大最重要的海军基地、护航站和战略物资装运场，第二次世界大战期间，同盟国先后有 17 592 艘舰艇在此修理。此航道以南还有美国新奥尔良、休斯敦等亿吨大港，古巴首都哈瓦那，美在古巴的海军基地关塔那摩等要地。

● 纽约

美国第一大城市、海港、最大的经济中心，美国东部海陆空交通中心之一，国际金融中心和联合国总部所在地。

该航道海域宽广，地处北纬 20°～50° 之间，大部分位于副热带和温带地区，且有世界著名的最强大的墨西哥湾流自西南向东北流经本海域，使此海域的气温和水温都比同纬度的其他海域高，有利于航行。然而，附近有几处航行危险区影响航海：一是美国东海岸中部有一个哈特勒斯角海区，被称为"大西洋南坟场"，这里有一条沙嘴，在北去的墨西哥湾流与南来的拉布拉多寒流在此相遇时，会引起巨大的风浪，直接影响航行，风浪还不断改变沙嘴地区的海底地形，400多年来有3 000多艘船舶在此沉没；二是此航道东南部有一个闻名于世的百慕大"魔鬼三角区"；三是航道北端纽芬兰岛东南部冬季有海冰漂浮，有碍航行，著名的"泰坦尼克"号撞冰山事件就在此海域于1912年4月14日发生。

4. 格陵兰—冰岛—联合王国海峡 Greenland-Iceland-United Kingdom Gap
——最宽阔的海上航运咽喉

格陵兰—冰岛—联合王国之间的海域，是大西洋和北冰洋的连接水域。南侧除冰岛以南的北大西洋海岭以外，均为深于2 000米的深海域，并向北大西洋诸海盆过渡；北侧为北冰洋的属海格陵兰海和挪威海，深度多在1 000米以上。而格陵兰—冰岛—联合王国之间为一浅于1 000米的海底隆起。格陵兰岛东岸和冰岛西岸的大陆架宽均为150千米左右，两大陆架之间的深度也在200~1 000米之间；冰岛—法罗群岛—设得兰群岛之间为威维尔—汤姆森海岭，长100千米，深300~600米。

海峡航标灯

峡 名	格陵兰—冰岛—联合王国海峡
位 置	北大西洋与北冰洋交界处附近
峡岸国	丹麦(格陵兰岛)、冰岛、英国、挪威
沟通海域	大西洋与北冰洋
气 候	属温带与寒带交接带。冬季多风暴
水 文	10月至次年5月结冰，丹麦海峡西侧夏季为浮冰区
交 通	北大西洋与北冰洋之间的必经水域

该海域大部分在北纬60°以北，气候属温带和寒带交接带。由冰岛低压区控制。西部气温较低，东部比西部高10℃左右。这是因为西部有格陵兰寒流从北冰洋南下，而东部为北大西洋暖流的分支自西南流向挪威海。海域冬季多风暴，年降水量约1 000毫米。10月至次年5月结冰。丹麦海峡西侧夏季为浮冰区，向东水温逐渐升高。

海域内海洋资源丰富。其中东侧北海的石油和水产资源最著名，冰岛的渔业也很发达，其收入占国民经济总值的20%和出口总值的75%，西南侧的纽芬兰渔场是世界最大渔场之一。

海域连接发达的北美和欧洲的北缘，以南为世界上最繁忙的北大西洋航线，其运量占大西洋总运输量的一半。第一、第二次世界大战期间，该海域是欧、美之间运输兵员和战略物资的重要通道，也是重要战区。最著名的是第二次世界大战期间，英国击沉德国"俾斯麦"号战列舰的海战就在此海域及附近进行的。第二次世界大战后，该海域是苏联和现俄罗斯北方舰队南下大西洋和波罗的海舰队西出大西洋的通道。因此，美国对此海域十分重视，1986年，其海军将该海域宣布为要控制的全球16个海上航运咽喉之一。